Apprendre

Eureka Math
4e année
Modules 6 et 7

Great Minds PBC is the creator of Eureka Math®,
Wit & Wisdom®, Alexandria Plan™, and PhD Science™.

Published by Great Minds PBC. greatminds.org

Copyright © 2020 Great Minds PBC. All rights reserved. No part of this work may be reproduced or used in any form or by any means—graphic, electronic, or mechanical, including photocopying or information storage and retrieval systems—without written permission from the copyright holder.

ISBN 978-1-64929-091-5

1 2 3 4 5 6 7 8 9 10 XXX 25 24 23 22 21 20

Printed in the USA

Apprendre ♦ Pratiquer ♦ Réussir

La documentation pédagogique d'*Eureka Math®* pour *A Story of Units®* (maternelle - 5e année) est proposé dans le trio *Apprendre, Pratiquer, Réussir*. Cette série prend en charge la différenciation et la remédiation tout en gardant les documents pour les élèves organisés et accessibles. Les éducateurs constateront que la série *Apprendre, Pratiquer,* et *Réussir* propose également des ressources cohérentes—et donc plus efficaces—pour la réponse à l'intervention (RAI), la pratique supplémentaire et l'apprentissage pendant l'été.

Apprendre

Apprendre d'Eureka Math sert de compagnon de classe aux élèves, où ils montrent leurs réflexions, partagent ce qu'ils savent, et voient leurs connaissances s'enrichir chaque jour. *Apprendre* rassemble le travail quotidien en classe—Problèmes d'application, Tickets de sortie, Séries de problèmes, Modèles—dans un volume organisé et facilement navigable.

Pratiquer

Chaque leçon *Eureka Math* commence par une série d'activités de perfectionnement énergiques et joyeuses, y compris celles se trouvant dans *Pratiquer d'Eureka Math*. Les élèves qui maîtrisent déjà leurs savoirs en mathématiques peuvent acquérir une plus grande maîtrise pratique, encore plus approfondie. Avec *Pratiquer*, les élèves acquièrent des compétences dans les savoirs nouvellement acquis et renforcent leurs apprentissages antérieurs en vue de la leçon suivante.

Ensemble, *Apprendre* et *Pratiquer* fournissent tout le matériel imprimé que les élèves utiliseront pour leur enseignement fondamental des mathématiques.

Réussir

Réussir d'Eureka Math permet aux élèves de travailler individuellement vers leur maîtrise. Ces séries additionnelles de problèmes font correspondre chaque leçon à l'enseignement en classe, ce qui les rend idéaux comme devoirs ou entraînements supplémentaires. Chaque ensemble de problèmes est accompagné d'une Aide aux devoirs, un ensemble d'exemples concrets qui illustrent comment résoudre des problèmes similaires.

Les enseignants et les tuteurs peuvent utiliser les livres *Réussir* des niveaux précédents comme outils cohérents avec le programme pour combler des lacunes dans les connaissances fondamentales. Les élèves s'épanouiront et progresseront plus rapidement parce que les modèles familiers facilitent les connexions au contenu de leur niveau scolaire actuel.

Élèves, familles, et éducateurs :

Merci de faire partie de la communauté *Eureka Math*®, qui célèbre la passion, l'émerveillement et le plaisir des mathématiques.

Dans la salle de classe *Eureka Math*, un nouveau type d'apprentissage est activé par la richesse des expériences et des dialogues. Le livre *Apprendre* met entre les mains de chaque élève les instructions et séquences de problèmes dont ils ont besoin pour exprimer et consolider leur apprentissage en classe.

Que contient le livre Apprendre ?

Problèmes d'application : La résolution de problèmes dans un contexte réel fait partie du quotidien d'*Eureka Math*. Les élèves renforcent leur confiance et leur persévérance lorsqu'ils appliquent leurs connaissances dans d'autres situations, nouvelles et variées. Le programme encourage les élèves à utiliser le processus LDE—Lire le problème, Dessiner pour donner un sens au problème, et Écrire une équation et une solution. Les enseignants facilitent le partage des travaux entre les élèves qui se présentent mutuellement leurs stratégies de solution.

Séries de problèmes : Une série de problèmes soigneusement séquencée offre une opportunité en classe pour un travail indépendant, avec plusieurs points d'entrée pour la différenciation. Les enseignants peuvent utiliser le processus de Préparation et de Personnalisation pour sélectionner les problèmes « À faire » pour chaque élève. Certains élèves effectuerons plus de problèmes que d'autres ; l'important est que tous les élèves disposent d'une période de 10 minutes pour exercer immédiatement ce qu'ils ont appris, avec un léger encadrement de leur professeur.

Les élèves amènent avec eux la Série de problèmes jusqu'au point culminant de chaque leçon : le Compte rendu de l'élève. Ici, les élèves réfléchissent avec leurs pairs et leur enseignant, articulant et consolidant ce qu'ils se sont demandé, ce qu'ils ont remarqué et ce qui a été appris ce jour-là.

Tickets de sortie : Les élèves montrent à leur enseignant ce qu'ils savent grâce à leur travail sur le Ticket de sortie quotidien. Cette vérification de la compréhension fournit à l'enseignant des preuves précieuses en temps réel de l'efficacité de l'enseignement de ce jour-là, offrant un aperçu indispensable de la prochaine étape à suivre.

Modèles : Occasionnellement, le Problème d'application, la Série de problèmes, ou toute autre activité de classe nécessite que les élèves aient leur propre copie d'une image, d'un modèle réutilisable, ou d'un ensemble de données. Chacun de ces modèles est fourni avec la première leçon qui les exige.

Où puis-je en savoir plus sur les ressources Eureka Math ?

L'équipe de Great Minds® s'engage à aider les élèves, les familles, et les éducateurs avec une bibliothèque de ressources en constante expansion, disponible sur le site eureka-math.org. Le site Web propose également des histoires de réussite inspirantes survenues dans la communauté *Eureka Math*. Partagez vos idées et vos réalisations avec d'autres utilisateurs en devenant un Champion d'*Eureka Math*.

Meilleurs vœux pour une année remplie de découvertes !

Jill Diniz
Directeur des mathématiques
Great Minds

Le processus Lire–Dessiner–Écrire

Le programme *Eureka Math* aide les élèves à résoudre leurs problèmes en utilisant un processus simple et reproductible, présenté par l'enseignant. Le processus Lire–Dessiner–Écrire (LDE) incite les élèves à

1. Lire le problème.
2. Dessiner et étiqueter.
3. Écrire une équation.
4. Écrire une phrase (énoncé).

Les éducateurs sont encouragés à consolider le processus en interposant des questions telles que

- Que vois-tu ?
- Peux-tu dessiner quelque chose ?
- Quelles conclusions peux-tu tirer de ton dessin ?

Plus les élèves utilisent cette approche systématique et ouverte pour raisonner sur leurs problèmes, plus ils intérioriseront le processus de pensée et l'appliqueront instinctivement au cours des années qui suivent.

Contenu

Module 6 : Fractions décimales

Sujet A : Explorer les dixièmes

Leçon 1 3

Leçon 2 7

Leçon 3 15

Sujet B : Dixièmes et centièmes

Leçon 4 23

Leçon 5 31

Leçon 6 39

Leçon 7 49

Leçon 8 57

Sujet C : Comparaison de décimales

Leçon 9 65

Leçon 10 73

Leçon 11 81

Sujet D : Addition avec des dixièmes et des centièmes

Leçon 12 87

Leçon 13 95

Leçon 14 99

Sujet E : Quantités d'argent comme nombres décimaux

Leçon 15 103

Leçon 16 109

Module 7 : Explorer les mesures avec la multiplication

Sujet A : Tableaux de conversion de mesures

Leçon 1 115

Leçon 2 121

Leçon 3 127

Leçon 4 133

Leçon 5 137

Sujet B : Résoudre des problèmes avec des mesures

Leçon 6 143

Leçon 7 147

Leçon 8 153

Leçon 9 159

Leçon 10 163

Leçon 11 167

Sujet C : Rechercher des mesures exprimées comme des nombres mixtes

Leçon 12 171

Leçon 13 177

Leçon 14 183

Sujet D : L'année en revue

Leçon 15 187

Leçon 16 195

Leçon 17 199

Leçon 18 201

4e année

Module 6

Nom _____ Date _____

1. Grise les 7 premières unités du diagramme en bande. Compte par dixièmes pour étiqueter la ligne numérique à l'aide d'une fraction et d'une décimale pour chaque point. Entoure la décimale qui représente la partie grisée.

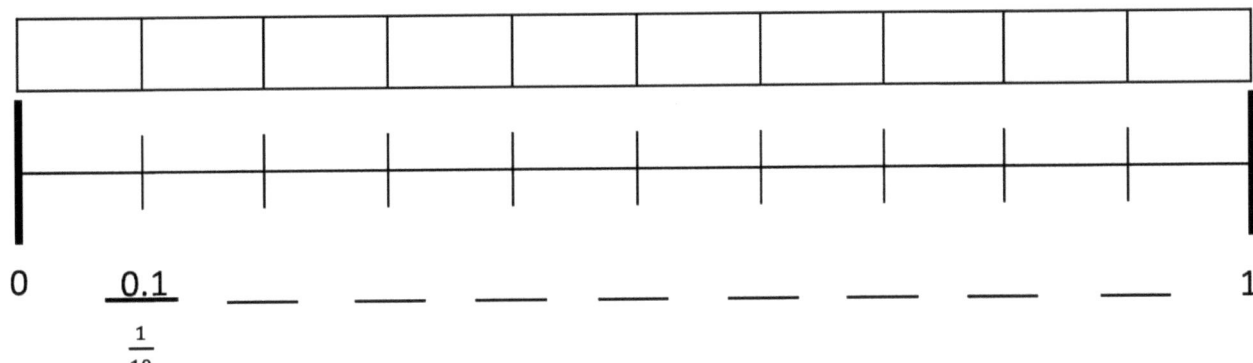

0   0.1   ___   ___   ___   ___   ___   ___   ___   ___   1
     $\frac{1}{10}$

2. Écris la quantité totale d'eau sous forme de fraction et sous forme décimale. Grise la dernière bouteille pour montrer la quantité correcte.

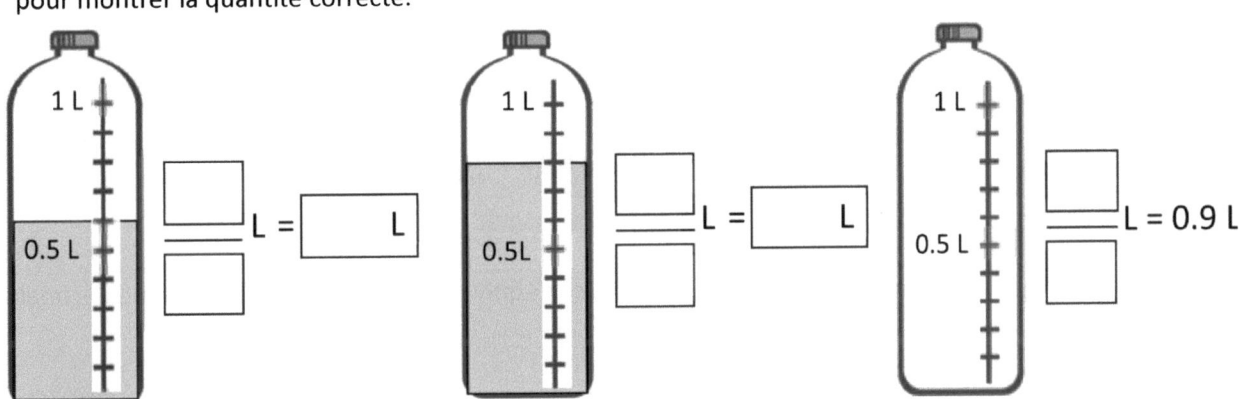

3. Écris le poids total de nourriture sur chaque balance sous forme de fraction ou sous forme décimale.

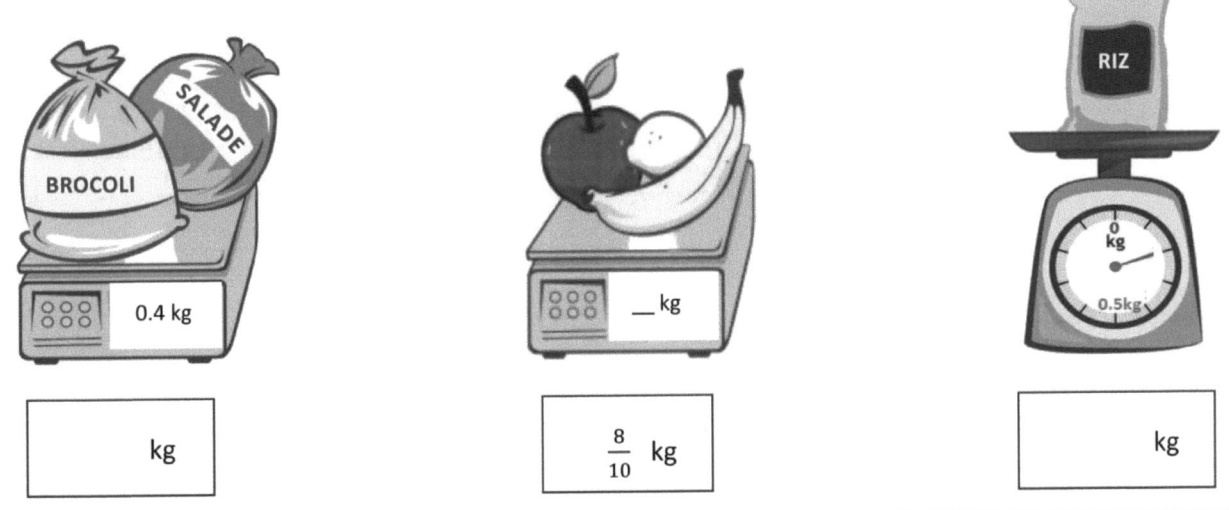

4. Écris la longueur de l'insecte en centimètres. (Le dessin n'est pas à l'échelle.)

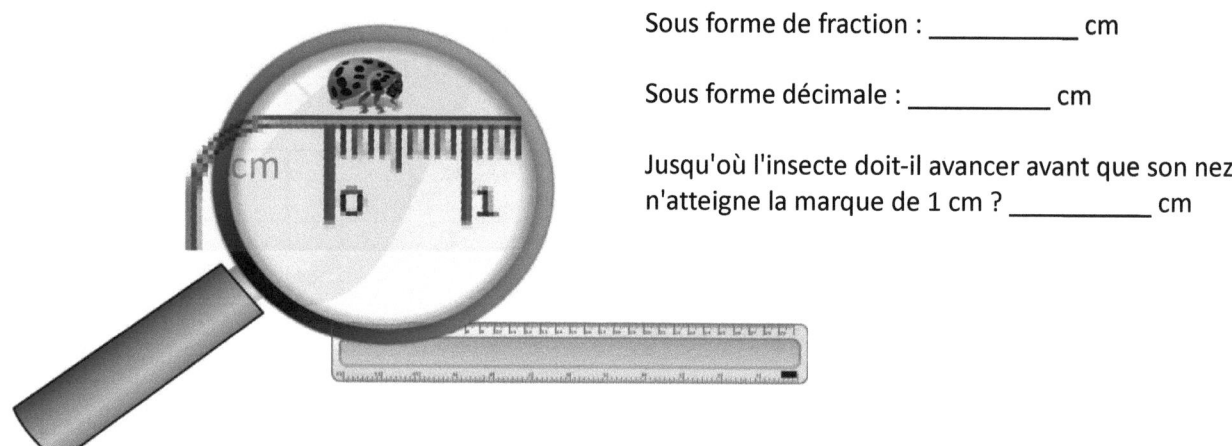

Sous forme de fraction : _____ cm

Sous forme décimale : _____ cm

Jusqu'où l'insecte doit-il avancer avant que son nez n'atteigne la marque de 1 cm ? _____ cm

5. Remplis les blancs pour rendre la phrase vraie, sous forme de fraction et sous forme décimale.

   a. $\frac{8}{10}$ cm + _____ cm = 1 cm   0.8 cm + _____ cm = 1.0 cm

   b. $\frac{2}{10}$ cm + _____ cm = 1 cm   0.2 cm + _____ cm = 1.0 cm

   c. $\frac{6}{10}$ cm + _____ cm = 1 cm   0.6 cm + _____ cm = 1.0 cm

6. Relie chaque quantité exprimée sous forme d'unité à son équivalent en fraction et sous forme décimale.

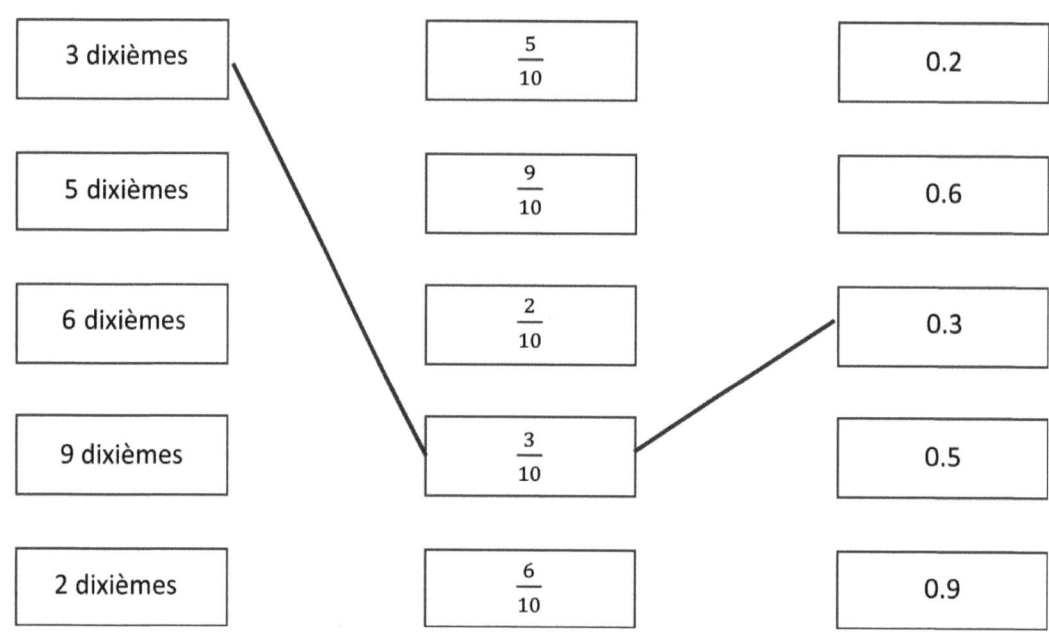

UNE HISTOIRE D'UNITÉS   Leçon 1 Ticket de sortie   4•6

Nom _____ Date _____

1. Remplis les blancs pour rendre la phrase vraie, sous forme de fraction et sous forme décimale.

    a. $\frac{9}{10}$ cm + _____ cm = 1 cm   0.9 cm + _____ cm = 1.0 cm

    b. $\frac{4}{10}$ cm + _____ cm = 1 cm   0.4 cm + _____ cm = 1.0 cm

2. Relie chaque quantité exprimée sous forme d'unité à son équivalent en fraction et sous forme décimale.

3 dixièmes	$\frac{5}{10}$	0.8
8 dixièmes	$\frac{8}{10}$	0.3
5 dixièmes	$\frac{3}{10}$	0.5

Leçon 1 : Utiliser la mesure métrique pour modeler la décomposition d'un tout en dixièmes.

| UNE HISTOIRE D'UNITÉS | Leçon 2 Problème d'application | 4•6 |

Hier, le bambou de Ben a poussé de 0,5 centimètre. Aujourd'hui, il a poussé d'un autre $\frac{8}{10}$ centimètre. De combien de centimètres le bambou de Ben a-t-il poussé en 2 jours ?

___

___

___

___

Lire   Dessiner   Écrire

Leçon 2 : Utiliser la mesure métrique et des modèles d'aire pour représenter des dixièmes comme des fractions plus grandes que 1 et des nombres décimaux.

Nom _____   Date _____

1. Trace une ligne correspondant à chaque longueur donnée. Exprime chaque mesure comme un nombre mixte équivalent.

   a. 2,6 cm

   b. 3,4 cm

   c. 3,7 cm

   d. 4,2 cm

   e. 2,5 cm

2. Écris ce qui suit comme l'équivalent décimal. Ensuite, modélise et renomme le nombre tel qu'indiqué ci-dessous.

   a. 2 unités et 6 dixièmes = _____

   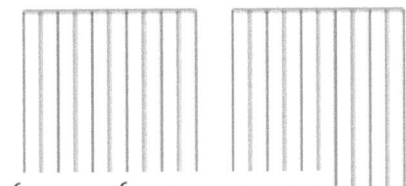  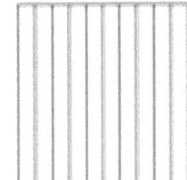 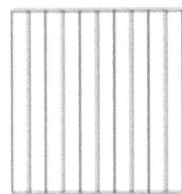

   $2\frac{6}{10} = 2 + \frac{6}{10} = 2 + 0{,}6 = 2{,}6$

b. 4 unités et 2 dixièmes = _____

c. $3\frac{4}{10}$ = _____

d. $2\frac{5}{10}$ = _____

Combien faut-il encore pour arriver à 5 ? _____

e. $\frac{37}{10}$ = _____

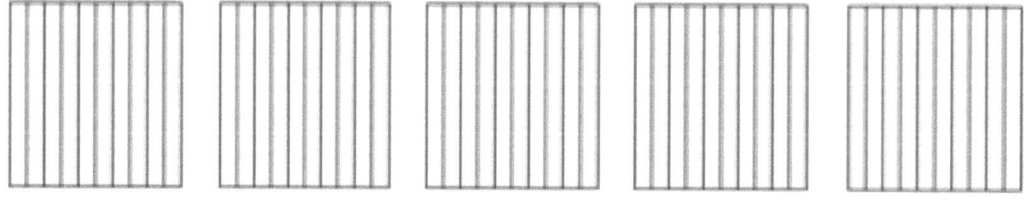

Combien faut-il encore pour arriver à 5 ? _____

Nom _____ Date _____

1. Pour la longueur indiquée ci-dessous, trace un segment de ligne correspondant. Exprime la mesure comme un nombre mixte équivalent.

   4.8 cm

2. Écris ce qui suit sous forme décimale et en tant que nombre mixte. Grise le modèle de zone pour qu'il corresponde.

   a. 3 unités et 7 dixièmes = _____ = _____

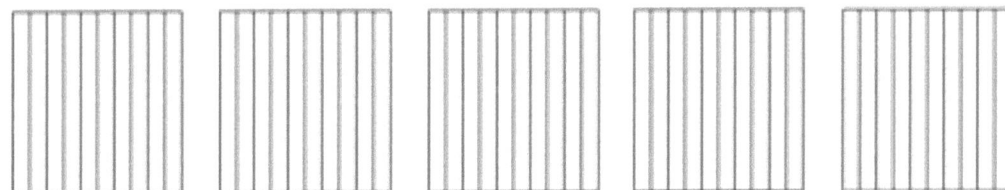

   b. $\frac{24}{10}$ = _____ = _____

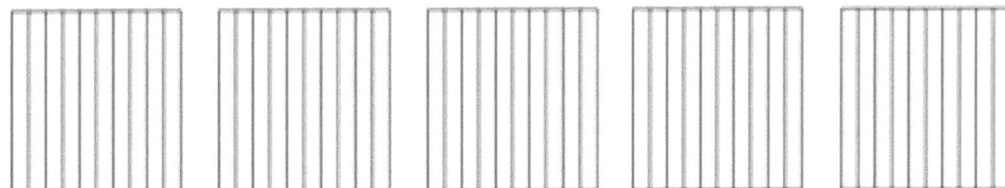

   Combien faut-il encore pour arriver à 5 ? _____

modèle de zone des dixièmes

Leçon 2 : Utiliser la mesure métrique et des modèles d'aire pour représenter des dixièmes comme des fractions plus grandes que 1 et des nombres décimaux.

UNE HISTOIRE D'UNITÉS — Leçon 3 Problème d'application 4•6

Ed a acheté 4 morceaux de saumon pesant au total 2 kilogrammes. Un morceau pesait $\frac{4}{10}$ kg et deux des morceaux pesaient $\frac{5}{10}$ kg chacun. Quel était le poids du quatrième morceau de saumon ?

_____

_____

_____

_____

Lire   **Dessiner**   **Écrire**

Leçon 3 : Représenter des nombres mixtes avec des unités de dizaines, d'unités et de dixièmes avec des disques de valeur de position, sur une ligne numérique, et sous forme développée.

UNE HISTOIRE D'UNITÉS   Leçon 3 Série de problèmes   4•6

Nom _____   Date _____

1. Entoure des groupes de dixièmes pour faire autant d'unités que possible.

a. Combien de dixièmes en tout ?	Écris et dessine le même nombre en utilisant des unités et des dixièmes.
(disques de 0.1) Il y a _____ dixièmes.	Forme décimale : _____ Combien de plus faut-il pour arriver à 3 ? _____
b. Combien de dixièmes en tout ?	Écris et dessine le même nombre en utilisant des unités et des dixièmes.
(disques de 0.1) Il y a _____ dixièmes.	Forme décimale : _____ Combien de plus faut-il pour arriver à 4 ? _____

2. Dessine des disques pour représenter chaque nombre à l'aide de dizaines, d'unités et de dixièmes. Ensuite, montre la forme développée du nombre sous forme de fraction et sous forme décimale, tel qu'indiqué. Le premier a été fait pour toi.

a. 4 dizaines 2 unités 6 dixièmes	b. 1 dizaine 7 unités 5 dixièmes
(disques : 4×10, 2×1, 6×0.1) Forme de fraction développée $(4 \times 10) + (2 \times 1) + (6 \times \frac{1}{10}) = 42\frac{6}{10}$ Forme décimale développée $(4 \times 10) + (2 \times 1) + (6 \times 0.1) = 42.6$	

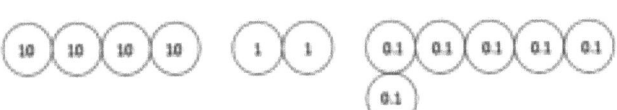

Leçon 3 : Représenter des nombres mixtes avec des unités de dizaines, d'unités et de dixièmes avec des disques de valeur de position, sur une ligne numérique, et sous forme développée.

| c. | 2 dizaines 3 unités 2 dixièmes | d. | 7 dizaines 4 unités 7 dixièmes |

3. Complète le tableau.

Point	Ligne Numérique	Forme décimale	Nombre mixte (unités et sous forme de fraction)	Forme développée (forme de fraction ou décimale)	Combien faut-il pour arriver au suivant ?
a.			$3\frac{9}{10}$		0.1
b.	(point entre 17 et 18)				
c.				$(7 \times 10) + (4 \times 1) + (7 \times \frac{1}{10})$	
d.			$22\frac{2}{10}$		
e.				$(8 \times 10) + (8 \times 0.1)$	

Nom _____ Date _____

1. Entoure des groupes de dixièmes pour faire autant d'unités que possible.

Combien de dixièmes en tout ?	Écris et dessine le même nombre en utilisant des unités et des dixièmes.
(0.1) (0.1) (0.1) (0.1) (0.1) (0.1) (0.1) (0.1) (0.1) (0.1) (0.1) (0.1) (0.1) (0.1) (0.1) (0.1) (0.1) (0.1) Il y a _____ dixièmes.	 Forme décimale : _____ Combien de plus faut-il pour arriver à 2 ? _____

2. Complète le tableau.

Point	Ligne Numérique	Forme décimale	Nombre mixte (unités et sous forme de fraction)	Forme développée (forme de fraction ou décimale)	Combien faut-il pour arriver au suivant ?
a.	┝┼┼┼┼┼┼┼┼┼┥		$12\frac{9}{10}$		
b.	┝┼┼┼┼┼┼┼┼┼┥	70.7			

UNE HISTOIRE D'UNITÉS   Leçon 3 Modèle   4•6

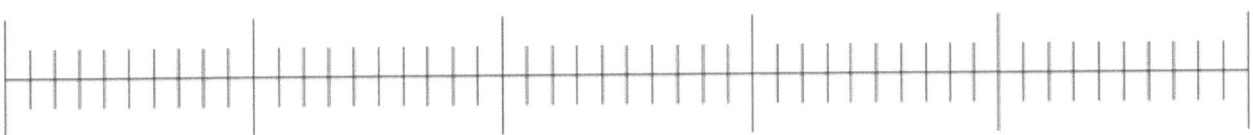

Point	Ligne Numérique	Forme décimale	Nombre mixte (unités et sous forme de fraction)	Forme développée (forme de fraction ou décimale)	Combien de plus faut-il pour arriver au suivant ?
a.					
b.					
c.					
d.					

dixièmes sur une ligne numérique

Leçon 3 : Représenter des nombres mixtes avec des unités de dizaines, d'unités et de dixièmes avec des disques de valeur de position, sur une ligne numérique, et sous forme développée.

UNE HISTOIRE D'UNITÉS   **Leçon 4 Problème d'application**   4•6

Ali tricote une écharpe de 2 mètres de long. Jusqu'à présent, elle a tricoté $1\frac{2}{10}$ mètres.

     a. Combien de mètres de plus Ali a-t-elle besoin de tricoter pour terminer l'écharpe ? Écris la réponse sous forme de fraction et sous forme de décimale.

     b. Combien de centimètres de plus Ali a-t-elle besoin de tricoter pour terminer l'écharpe ?

Lire   **Dessiner**   **Écrire**

Leçon 4 :   Utiliser des mètres pour modeler la décomposition d'un tout en centièmes. Représenter et compter des centièmes.

Nom _____   Date _____

1. a. Quelle est la longueur de la partie grisée de la règle d'un mètre en centimètres ?

   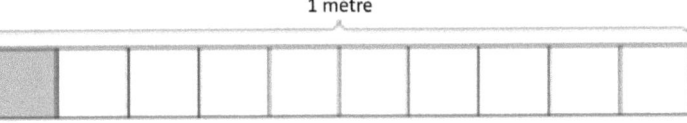

   b. Quelle fraction d'un mètre est 1 centimètre ?

   c. Exprime, sous forme de fraction, la longueur de la partie grisée de la règle d'un mètre.

   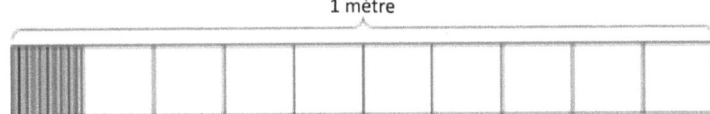

   d. Exprime, sous forme décimale, la longueur de la partie grisée de la règle d'un mètre.

   e. Quelle fraction d'un mètre est 10 centimètres ?

2. Remplis les blancs.

   a. 1 dixième = _____ centièmes

   b. $\frac{1}{10}$ m = $\frac{}{100}$ m

   c. $\frac{2}{10}$ m = $\frac{20}{}$ m

3. Utilise le modèle pour additionner les parties grisées, tel qu'indiqué. Écris une liaison numérique avec le total écrit sous forme décimale et les parties écrites comme des fractions. Le premier a été fait pour toi.

   a.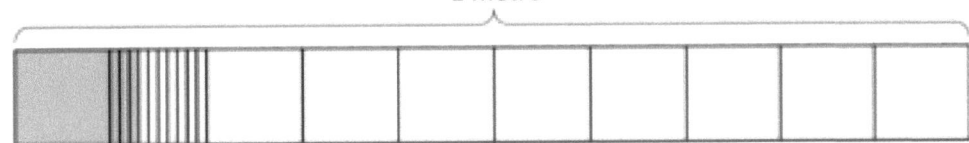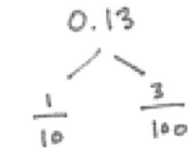

   $\frac{1}{10}$m + $\frac{3}{100}$m = $\frac{13}{100}$m = 0.13m

Leçon 4 : Utiliser des mètres pour modeler la décomposition d'un tout en centièmes. Représenter et compter des centièmes.

b.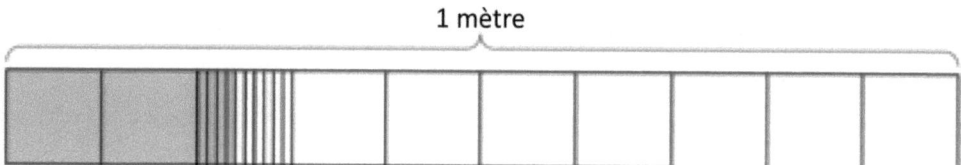

c.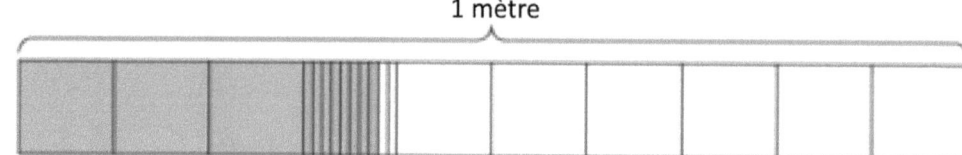

4. Sur chaque règle d'un mètre, grise la quantité indiquée. Ensuite, écris l'équivalent décimal.

a. $\frac{8}{10}$m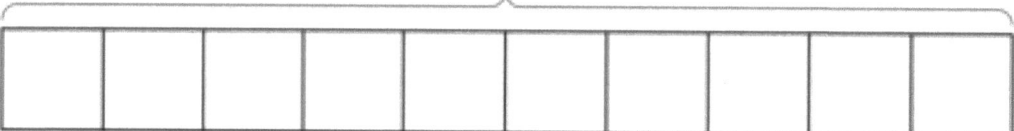

b. $\frac{7}{100}$m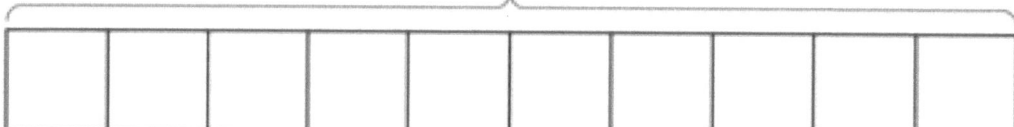

c. $\frac{19}{100}$m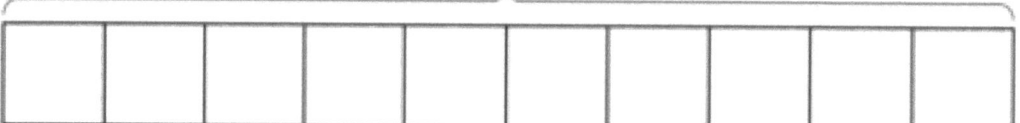

5. Dessine une liaison numérique, en extrayant les dixièmes des centièmes, comme au problème 3. Écris le total comme l'équivalent décimal.

a. $\frac{19}{100}$m

b. $\frac{28}{100}$m

c. $\frac{77}{100}$

d. $\frac{94}{100}$

Nom _____ Date _____

1. Grise la quantité indiquée. Ensuite, écris l'équivalent décimal.

    1 mètre

    $\frac{6}{10}$ m

2. Dessine une liaison numérique, en extrayant les dixièmes des centièmes. Écris le total comme l'équivalent décimal.

    a. $\frac{62}{100}$ m

    b. $\frac{27}{100}$

Leçon 4 : Utiliser des mètres pour modeler la décomposition d'un tout en centièmes. Représenter et compter des centièmes.

UNE HISTOIRE D'UNITÉS   Leçon 4 Modèle   4•6

1 mètre

1 mètre

1 mètre

1 mètre

1 mètre

diagramme à bandes en dixièmes

Leçon 4 :   Utiliser des mètres pour modeler la décomposition d'un tout en centièmes. Représenter et compter des centièmes.

29

UNE HISTOIRE D'UNITÉS Leçon 5 Problème d'application 4•6

Le périmètre d'un carré mesure 0.48 m. Quelle est la mesure de la longueur de chaque côté en centimètres ?

Lire **Dessiner** **Écrire**

Leçon 5 : Modéliser l'équivalence des dixièmes et des centièmes à l'aide du modèle de l'aire et des disques de valeur de position.

Nom _____ Date _____

1. Trouve la fraction équivalente à l'aide d'une multiplication ou d'une division. Grise les modèles d'aire pour montrer l'équivalence. Note-le comme une décimale.

   a. $\dfrac{3\times}{10\times} = \dfrac{}{100}$

   b. $\dfrac{50\div}{100\div} = \dfrac{}{10}$

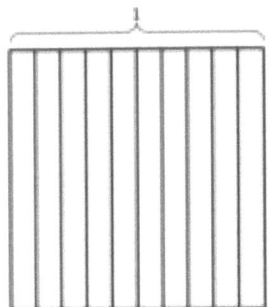 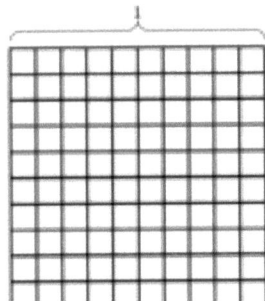 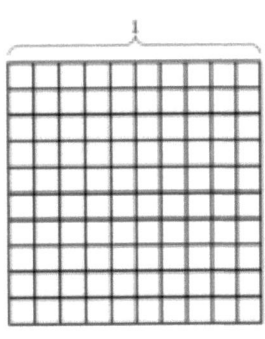 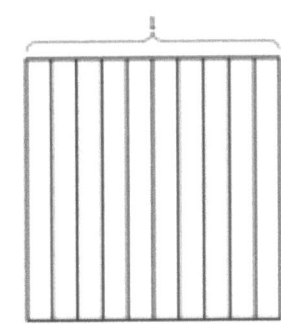

2. Complète les phrases numériques. Grise la quantité équivalente sur le modèle d'aire, en dessinant des lignes horizontales pour faire des centièmes.

   a. 37 centièmes = _____ dixièmes + _____ centièmes

   Forme fractionnaire : _____

   Forme décimale : _____

   b. 75 centièmes = _____ dixièmes + _____ centièmes

   Forme fractionnaire : _____

   Forme décimale : _____

   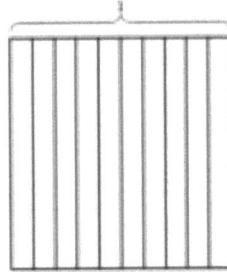

3. Entoure des centièmes pour composer autant de dixièmes que tu peux. Complète les phrases numériques. Représente chacune avec une liaison numérique tel qu'indiqué.

   a.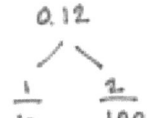

   _____ centièmes = _____ dixième + _____ centièmes

b.

_____ centièmes = _____ dixièmes + _____ centièmes

4. Utilise des disques de valeur de position de dixièmes et de centièmes pour représenter chaque nombre. Écris le nombre équivalent sous forme décimale, de fraction et d'unité.

a. $\frac{3}{100}$ = 0._____ _____ centièmes	b. $\frac{15}{100}$ = 0._____ _____ dixième _____ centièmes
c. ____ = 0.72 _____ centièmes	d. ____ = 0.80 _____ dixièmes
e. ____ = 0._____ 7 dixièmes 2 centièmes	f. ____ = 0._____ 80 centièmes

Nom _____ Date _____

Utilise des disques de valeur de position de dixièmes et de centièmes pour représenter chaque fraction. Écris la forme décimale équivalente et remplis les espaces vides pour représenter chacune sous forme d'unité.

1. $\frac{7}{100}$ = 0. ____

_____ centièmes

2. $\frac{34}{100}$ = 0. ____

_____ dixièmes _____ centièmes

Leçon 5 : Modéliser l'équivalence des dixièmes et des centièmes à l'aide du modèle de l'aire et des disques de valeur de position.

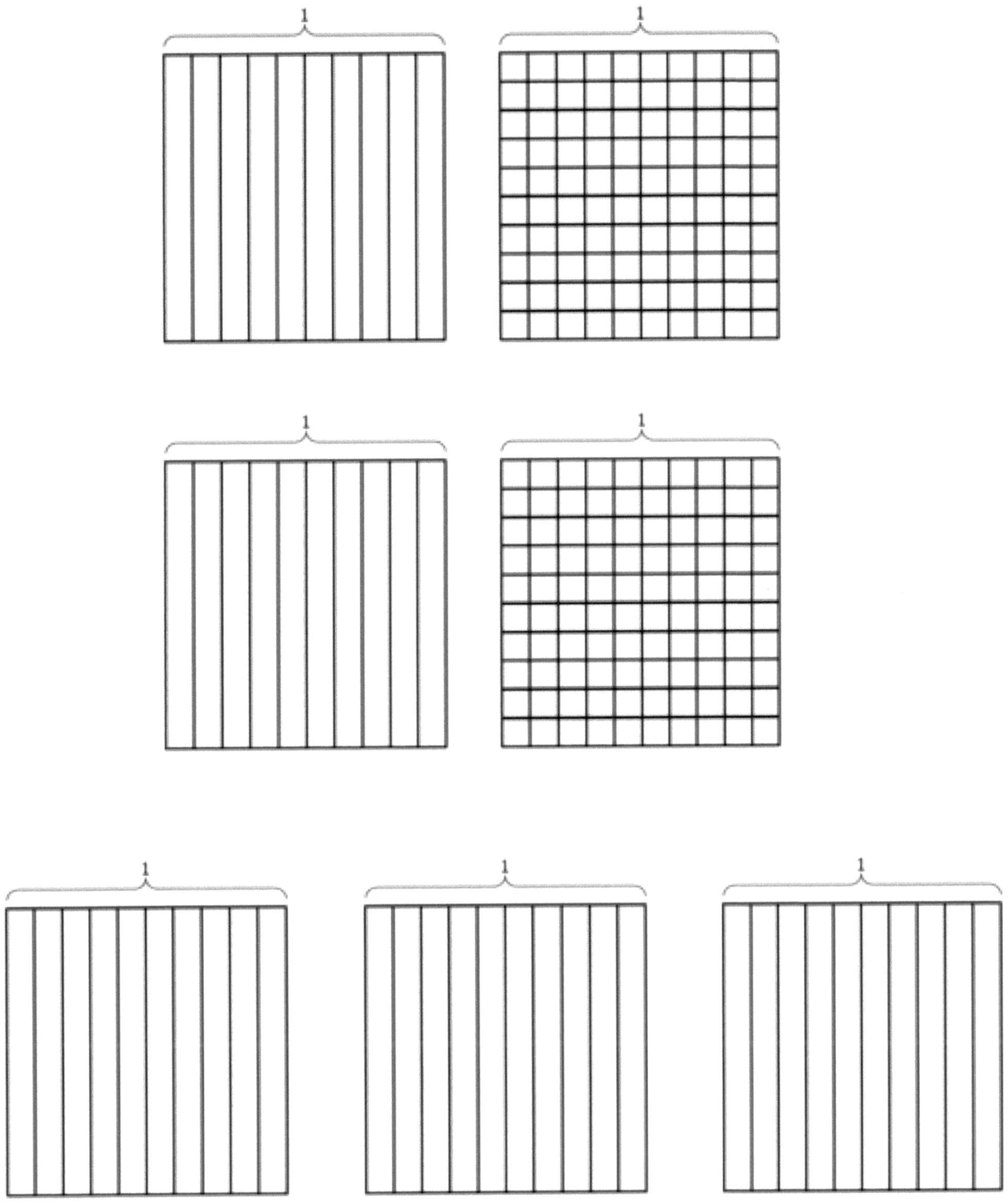

modèle de zone des dixièmes et des centièmes

Leçon 6 Problème d'application 4•6

Le tableau montre le périmètre de quatre rectangles.

a. Quel rectangle a le plus petit périmètre ?

Rectangle	Périmètre
A	54 cm
B	$\frac{69}{100}$ m
C	54 m
D	0.8 m

b. Le périmètre du rectangle C est de combien de mètres de moins qu'un kilomètre ?

Lire   **Dessiner**   **Écrire**

Leçon 6 : Utiliser le modèle de l'aire et la ligne numérique pour représenter des nombres mixtes avec des unités, des dixièmes et des centièmes sous formes décimale et de fraction.

c. Compare les périmètres des rectangles B et D. Quel rectangle a le plus grand périmètre ? Quelle différence y a-t-il entre les deux ?

Lire   **Dessiner**   **Écrire**

Nom _____ Date _____

1. Grise les modèles d'aire pour représenter le nombre, en dessinant des lignes horizontales pour faire des centièmes au besoin. Situe le point correspondant sur la ligne numérique. Étiquette avec un point, et note le nombre mixte comme une décimale.

   a. $1\frac{15}{100} =$ ___ . ___

   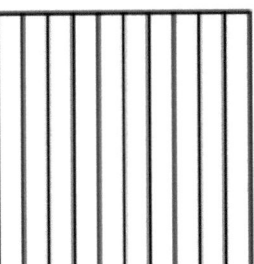 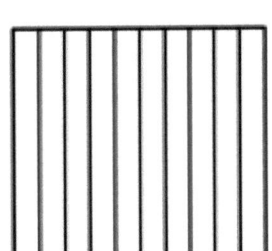 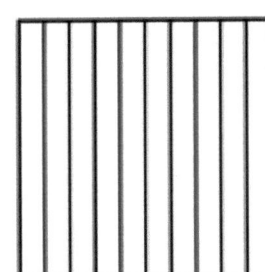

   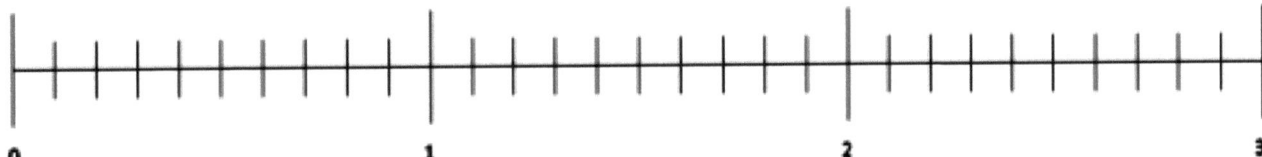

   b. $2\frac{47}{100} =$ ___ . ___

   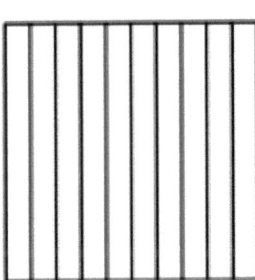 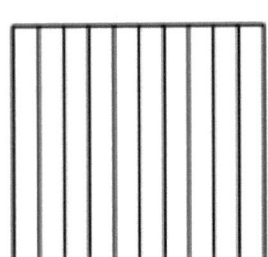 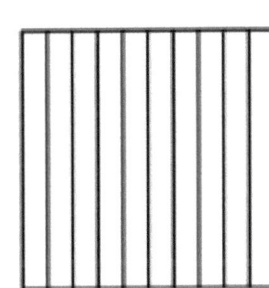

   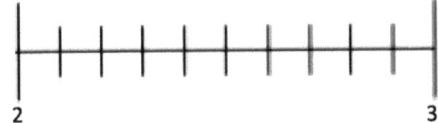

2. Estime pour situer les points sur les lignes numériques.

   a. $2\frac{95}{100}$

   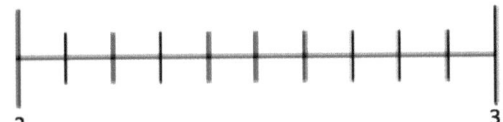

   b. $7\frac{52}{100}$

3. Écris la fraction et la décimale équivalentes pour chacun des nombres suivants.

a. 1 unité 2 centièmes	b. 1 unité 17 centièmes
c. 2 unités 8 centièmes	d. 2 unités 27 centièmes
e. 4 unités 58 centièmes	f. 7 unités 70 centièmes

4. Relie les points pour faire correspondre la forme décimale à la forme unitaire et à la forme fractionnaire. Toutes les formes unitaires et fractionnaires ont au moins une correspondance, et certaines peuvent en avoir plus qu'une.

7 unités 13 centièmes •   • 7.30   • $7\frac{3}{100}$

7 unités 3 centièmes •   • 7.3   • 73

7 unités 3 dixaines •   • 7.03   • $7\frac{13}{100}$

7 dizaines 3 unités •   • 7.13   • $7\frac{30}{100}$

                                • 73

Nom _____ Date _____

1. Estime pour situer les points sur les lignes numériques. Marque le point et étiquette-le sous forme décimale.

   a. $7\frac{20}{100}$

   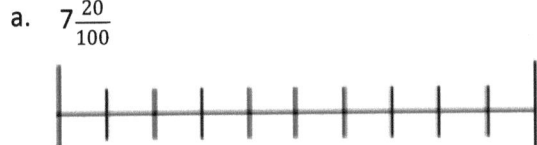

   b. $1\frac{75}{100}$

   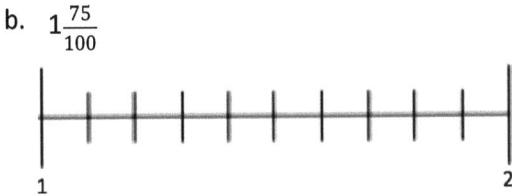

2. Écris la fraction et la décimale équivalentes pour chaque nombre.

   a. 8 unités 24 centièmes

   b. 2 unités 6 centièmes

modèle d'aire

UNE HISTOIRE D'UNITÉS — Leçon 6 Modèle 2 — 4•6

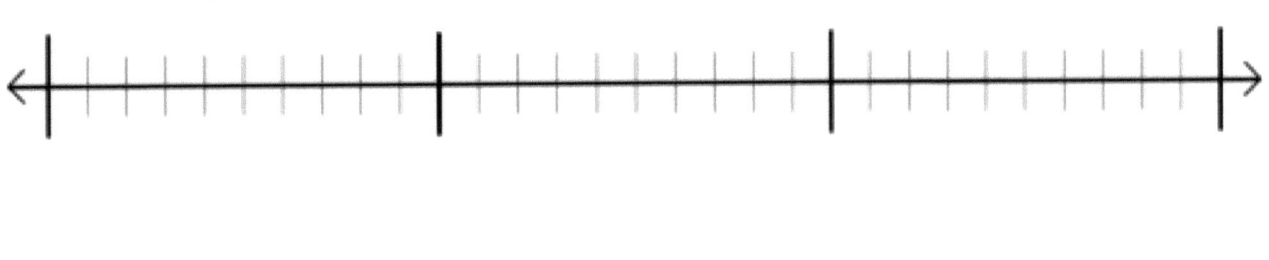

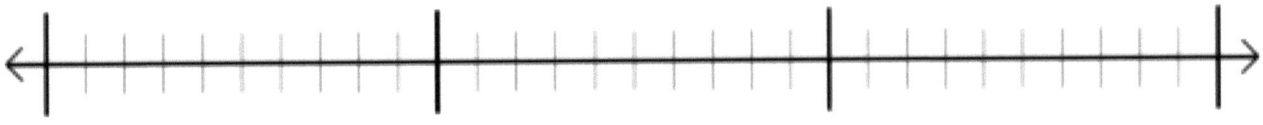

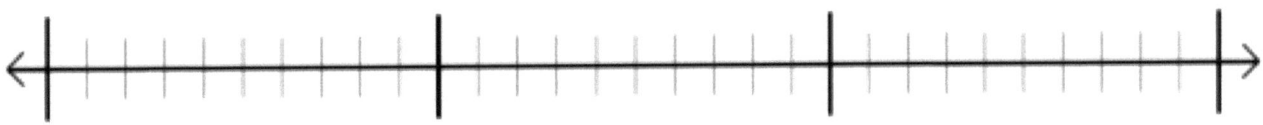

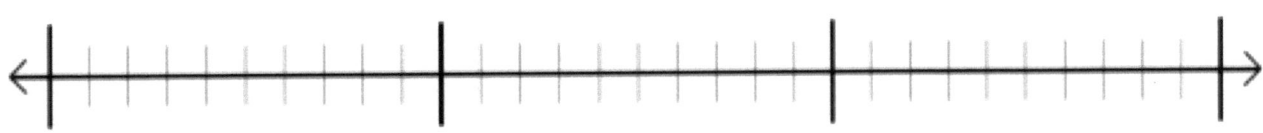

ligne numérique

Leçon 6 : Utiliser le modèle de l'aire et la ligne numérique pour représenter des nombres mixtes avec des unités, des dixièmes et des centièmes sous formes décimale et de fraction.

Utilise des blocs de motifs pour créer au moins 1 forme avec au moins 1 ligne de symétrie. Dessine ta forme ci-dessous.

_____

_____

_____

_____

Lire **Dessiner** **Écrire**

Leçon 7 : Modéliser des nombres mixtes avec des unités en centaines, dizaines, unités, dixièmes et centièmes sous forme développée et sur le tableau de valeur de position.

UNE HISTOIRE D'UNITÉS Leçon 7 Série de problèmes 4•6

Nom _____   Date _____

1. Écris une phrase numérique décimale pour identifier la valeur totale des disques de valeur de position.

   a. ⓪⓪ (10)(10) (0.1)(0.1)(0.1)(0.1)(0.1) (0.01)(0.01)(0.01)

      2 dizaines   5 dixièmes   3 centièmes

      _____ + _____ + _____ = _____

   b. (100)(100)(100)(100)(100) (0.01)(0.01)(0.01)(0.01)

      5 centaines   4 centièmes

      _____ + _____ = _____

2. Utilise le tableau de valeur de position pour répondre aux questions suivantes. Exprime la valeur du chiffre sous forme d'unité.

centaines	dizaines	unités	.	dixièmes	centièmes
4	1	6		8	3

   a. Le chiffre _____ est à la place des centaines. Il a une valeur de _____.

   b. Le chiffre _____ est à la place des dizaines. Il a une valeur de _____.

   c. Le chiffre _____ est à la place des dixièmes. Il a une valeur de _____.

   d. Le chiffre _____ est à la place des centièmes. Il a une valeur de _____.

centaines	dizaines	unités	.	dixièmes	centièmes
5	3	2		1	6

   e. Le chiffre _____ est à la place des centaines. Il a une valeur de _____.

   f. Le chiffre _____ est à la place des dizaines. Il a une valeur de _____.

   g. Le chiffre _____ est à la place des dixièmes. Il a une valeur de _____.

   h. Le chiffre _____ est à la place des centièmes. Il a une valeur de _____.

Leçon 7 : Modéliser des nombres mixtes avec des unités en centaines, dizaines, unités, dixièmes et centièmes sous forme développée et sur le tableau de valeur de position.

3. Écris chaque décimale comme une fraction équivalente. Ensuite, écris chaque nombre sous forme développée, en utilisant la notation décimale et fractionnaire. Le premier a été fait pour toi.

Forme décimale et fractionnaire	Forme développée	
	Notation fractionnaire	**Notation décimale**
$15.43 = 15\frac{43}{100}$	$(1 \times 10) + (5 \times 1) + (4 \times \frac{1}{10}) + (3 \times \frac{1}{100})$ $10 + 5 + \frac{4}{10} + \frac{3}{100}$	$(1 \times 10) + (5 \times 1) + (4 \times 0.1) + (3 \times 0.01)$ $10 + 5 + 0.4 + 0.03$
21.4 = _____		
38.09 = _____		
50.2 = _____		
301.07 = _____		
620.80 = _____		
800.08 = _____		

UNE HISTOIRE D'UNITÉS   Leçon 7 Ticket de sortie   4•6

Nom _____   Date _____

1. Utilise le tableau de valeur de position pour répondre aux questions suivantes. Exprime la valeur du chiffre sous forme d'unité.

centaines	dizaines	unités	·	dixièmes	centièmes
8	2	7		6	4

   a. Le chiffre _____ est à la place des centaines. Il a une valeur de _____.

   b. Le chiffre _____ est à la place des dizaines. Il a une valeur de _____.

   c. Le chiffre _____ est à la place des dixièmes. Il a une valeur de _____.

   d. Le chiffre _____ est à la place des centièmes. Il a une valeur de _____.

2. Complète le tableau suivant.

Fraction	Forme développée		Décimale
	Notation fractionnaire	Notation décimale	
$422\frac{8}{100}$			
	$(3 \times 100) + (9 \times \frac{1}{10}) + (2 \times \frac{1}{100})$		

Leçon 7 : Modéliser des nombres mixtes avec des unités en centaines, dizaines, unités, dixièmes et centièmes sous forme développée et sur le tableau de valeur de position.

| centièmes |
| dixièmes |
| . |
| unités |
| dizaines |
| centaines |

tableau de valeur de position

Leçon 7 : Modéliser des nombres mixtes avec des unités en centaines, dizaines, unités, dixièmes et centièmes sous forme développée et sur le tableau de valeur de position.

Jashawn avait 5 billets de cent dollars et 6 billets de dix dollars dans son portefeuille. Alva avait 58 billets de dix dollars sous son matelas. James avait 556 billets d'un dollar dans sa tirelire. Ils décident de combiner leur argent pour acheter un ordinateur. Exprime le montant total d'argent dont ils disposent à l'aide des billets suivants :

a. Centaines, dizaines et unités

b. Dizaines et unités

Lire   **Dessiner**   **Écrire**

c. Unités

Lire **Dessiner** **Écrire**

Nom _____ Date _____

1. Utilise le modèle d'aire pour représenter $\frac{250}{100}$. Complète la phrase numérique.

   a. $\frac{250}{100}$ = _____ dixièmes = _____ unités _____ dixièmes = __.____

   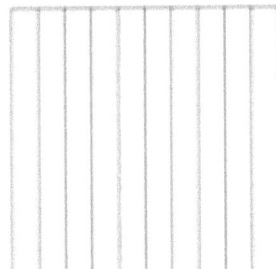 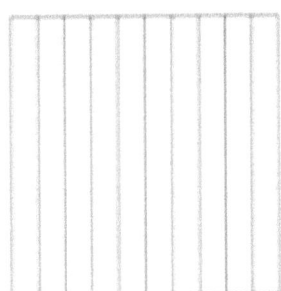 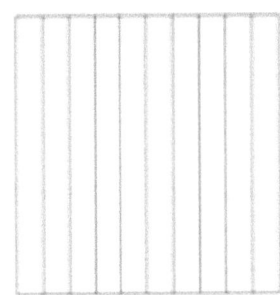

   b. Dans l'espace ci-dessous, explique comment tu as déterminé ta réponse pour la partie (a).

2. Dessine des disques de valeur de position pour représenter les décompositions suivantes :

   2 unités = _____ dixièmes

unités	.	dixièmes	centièmes

   2 dixièmes = _____ centièmes

unités	.	dixièmes	centièmes

   1 unité 3 dixièmes = ____ dixièmes

unités	.	dixièmes	centièmes

   2 dixièmes 3 centièmes = ____ centièmes

unités	.	dixièmes	centièmes

Leçon 8 : Utiliser la compréhension de l'équivalence des fractions pour étudier les nombres décimaux du tableau de valeur de position exprimés en différentes unités.

3. Décompose les unités pour représenter chaque nombre comme des dixièmes.

   a. 1 = _____ dixièmes

   b. 2 = _____ dixièmes

   b. 1.7 = _____ dixièmes

   c. 2.9 = _____ dixièmes

   c. 10.7 = _____ dixièmes

   d. 20.9 = _____ dixièmes

4. Décompose les unités pour représenter chaque nombre comme des centièmes.

   a. 1 = _____ centièmes

   b. 2 = _____ centièmes

   b. 1.7 = _____ centièmes

   c. 2.9 = _____ centièmes

   c. 10.7 = _____ centièmes

   d. 20.9 = _____ centièmes

5. Complète le tableau. Le premier a été fait pour toi.

Décimale	Nombre mixte	Dixièmes	Centièmes
2.1	$2\frac{1}{10}$	21 dixièmes $\frac{21}{10}$	210 centièmes $\frac{210}{100}$
4.2			
8.4			
10.2			
75.5			

Nom _____   Date _____

1. a. Dessine des disques de valeur de position pour représenter la décomposition suivante :

   3 unités 2 dixièmes = _____ dixièmes

unités	·	dixièmes	centièmes

   b. 3 unités 2 dixièmes = _____ centièmes

2. Décompose les unités.

   a. 2.6 = _____ dixièmes

   b. 6.1 = _____ centièmes

Dizaines	Unités	.	Dixièmes	Centièmes

modèle d'aire et tableau de valeur de position

Leçon 8 : Utiliser la compréhension de l'équivalence des fractions pour étudier les nombres décimaux du tableau de valeur de position exprimés en différentes unités.

Le chien de Kelly pèse 14 kilogrammes 24 grammes. Le chien de Mary pèse 14 kilogrammes 205 grammes. Le chien de Hae Jung pèse 4720 grammes.

a. Organise le poids des chiens en grammes du plus petit au plus grand.

b. Combien de plus pèse le chien le plus lourd que le chien le plus léger ?

Lire   **Dessiner**   **Écrire**

Nom _____   Date _____

1. Exprime les longueurs des parties grisées sous forme décimale. Écris une phrase qui compare les deux longueurs. Utilise l'expression *plus court que* or *plus long que* dans ta phrase.

   a.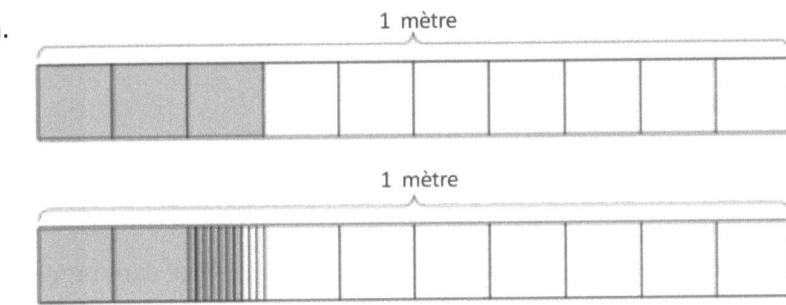

   b.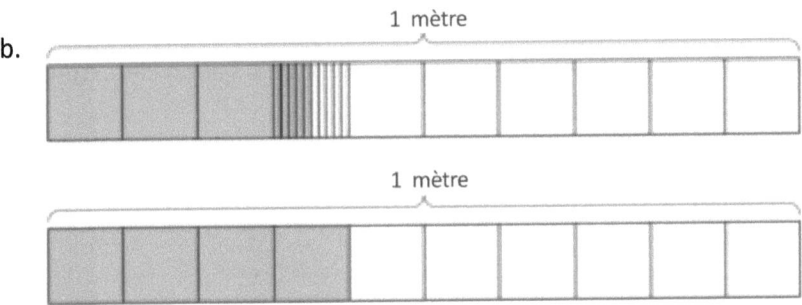

   c. Liste les quatre longueurs de la plus courte à la plus longue.

2. a. Examine la masse de chaque article, tel qu'illustré ci-dessous sur des balances de 1 kilogramme. Trace une X sur les articles qui sont plus lourds que l'avocat.

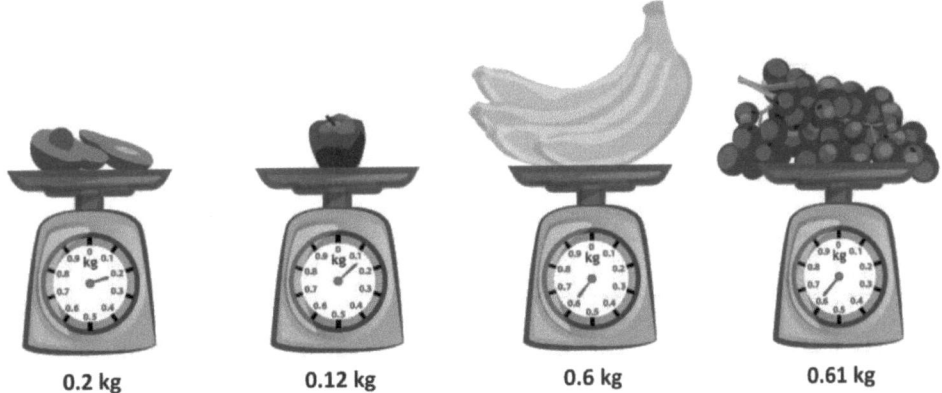

b. Exprime la masse de chaque article dans le tableau de valeur de position.

Masse du fruit (kilogrammes)

Fruit	unités	.	dixièmes	centièmes
avocat				
pommes				
bananes				
raisins				

c. Complète les phrases ci-dessous en utilisant les mots *plus lourd que* ou *plus léger que* dans tes phrases.

L'avocat est _____ que la pomme.

Le régime de bananas est _____ la grappe de raisin.

3. Note le volume d'eau dans chaque cylindre gradué dans le tableau de valeur de position ci-dessous.

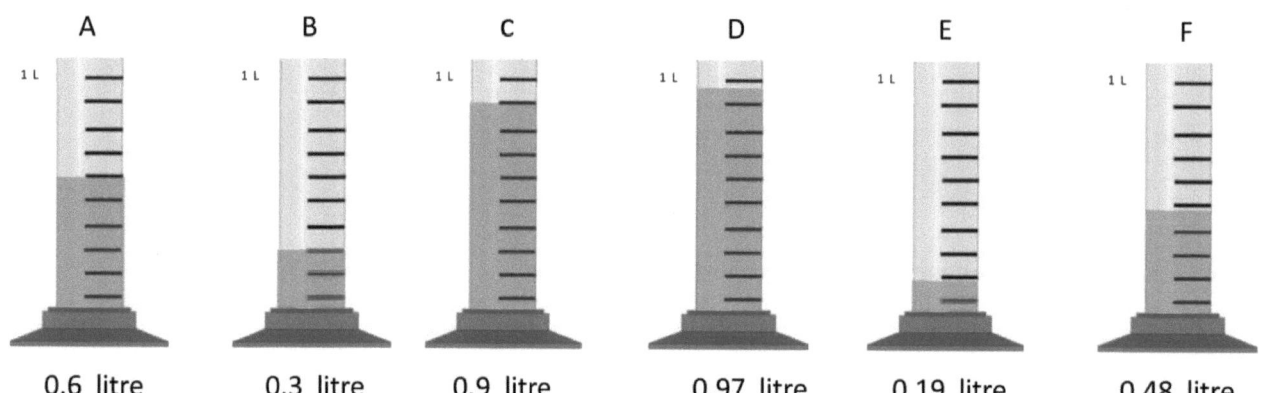

A 0.6 litre   B 0.3 litre   C 0.9 litre   D 0.97 litre   E 0.19 litre   F 0.48 litre

Volume d'eau (en litres)

Cylindre	unités	.	dixièmes	centièmes
A				
B				
C				
D				
E				
F				

Compare les valeurs à l'aide de >, <, ou =.

a. 0.9 L _____ 0.6 L

b. 0.48 L _____ 0.6 L

c. 0.3 L _____ 0.19 L

d. Écris le volume d'eau dans chaque cylindre gradué dans l'ordre du plus petit au plus grand.

Nom _____ Date _____

1. a. Doug mesure les longueurs de trois ficelles et grise des diagrammes à bandes pour représenter la longueur de chaque ficelle comme indiqué ci-dessous. Exprime, sous forme décimale, la longueur de chaque ficelle.

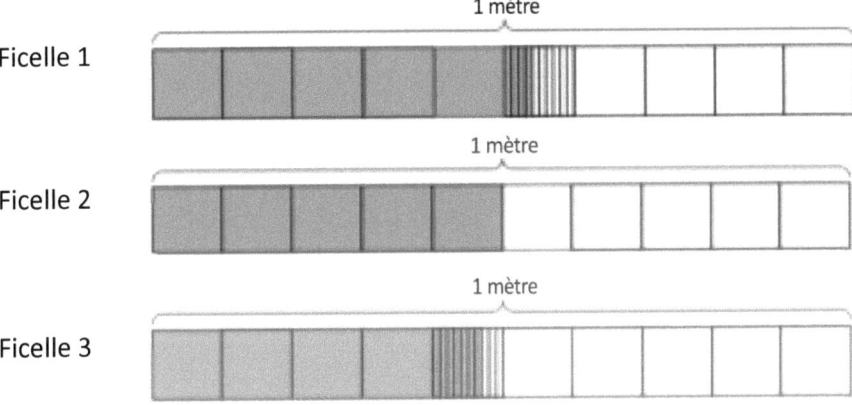

   b. Répertorie les longueurs des ficelles dans l'ordre de la plus grande à la plus petite.

2. Compare les valeurs ci-dessous à l'aide de >, <, ou =.

   a. 0.8 kg _____ 0.6 kg

   b. 0.36 kg _____ 0.5 kg

   c. 0.4 kg _____ 0.47 kg

UNE HISTOIRE D'UNITÉS　　　　　　　　　　　　　　　　　　　　　　　Leçon 9 Modèle　4•6

Masse des sacs de riz (en kilogrammes)

Sac de riz	unités	.	dixièmes	centièmes
A				
B				
C				
D				

Volume de liquide (en litres)

Cylindre	unités	.	dixièmes	centièmes
A				
B				
C				
D				

enregistrement des mesures

Leçon 9 : Utiliser le tableau de valeur de position et la mesure métrique pour comparer des décimales et répondre aux questions de comparaison.

| UNE HISTOIRE D'UNITÉS | **Leçon 10 Problème d'application** | 4•6 |

En classe de sciences, le bécher de 1 litre d'Emily contient 0.3 litre d'eau. Le bécher d'Ali contient 0.8 litre d'eau et le bécher de Katie contient 0.63 litre d'eau. Qui peut verser toute son eau dans le bécher d'Emily sans dépasser 1 litre, Ali ou Katie ?

Lire   **Dessiner**   **Écrire**

Leçon 10 : Utiliser des modèles d'aire et la ligne numérique pour comparer des nombres décimaux, et noter les comparaisons à l'aide de <, >, et =.

Nom _____ Date _____

1. Grise les modèles d'aire ci-dessous, en décomposant les dixièmes au besoin, pour représenter les paires de nombres décimaux. Remplis les blancs avec <, >, ou = pour comparer les nombres décimaux.

   a. 0.23 _____ 0.4

   b. 0.6 _____ 0.38

   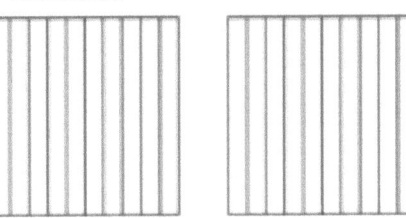

   c. 0.09 _____ 0.9

   c. 0.70 _____ 0.7

2. Situe et étiquette les points pour chacun des nombres décimaux sur la ligne numérique. Remplis les blancs avec <, >, ou = pour comparer les nombres décimaux.

   a. 10.03 _____ 10.3

   b. 12.68 _____ 12.8

Leçon 10 : Utiliser des modèles d'aire et la ligne numérique pour comparer des nombres décimaux, et noter les comparaisons à l'aide de <, >, et =.

3. Utilise les signes <, >, ou = pour comparer.

   a. 3.42 _____ 3.75

   b. 4.21 _____ 4.12

   c. 2.15 _____ 3.15

   d. 4.04 _____ 6.02

   e. 12.7 _____ 12.70

   f. 1.9 _____ 1.21

4. Utilise les signes <, >, ou = pour comparer. Au besoin, utilise des images pour résoudre le problème.

   a. 23 dixièmes __ 2.3

   b. 1.04 __ 1 unité et 4 dixièmes

   c. 6.07 _____ $6\frac{7}{10}$

   d. 0.45 _____ $\frac{45}{10}$

   e. $\frac{127}{100}$ _____ 1.72

   f. 6 dixièmes _____ 66 centièmes

Nom _____ Date _____

1. Ryan dit que 0.6 est inférieur à 0.60 car cela comporte moins de chiffres. Jessie dit que 0.6 est supérieur à 0.60. Qui a raison ? Pourquoi ? Utilise les modèles de zone pour expliquer ta réponse.

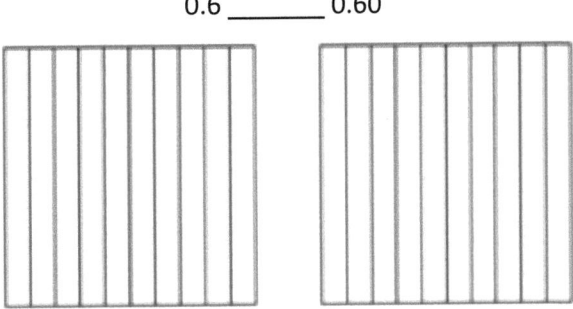

0.6 _____ 0.60

2. Utilise les signes <, >, ou = pour comparer.

   a. 3.9 _____ 3.09

   b. 2.4 _____ 2 unités et 4 centièmes

   c. 7.84 _____ 78 dixièmes et 4 centièmes

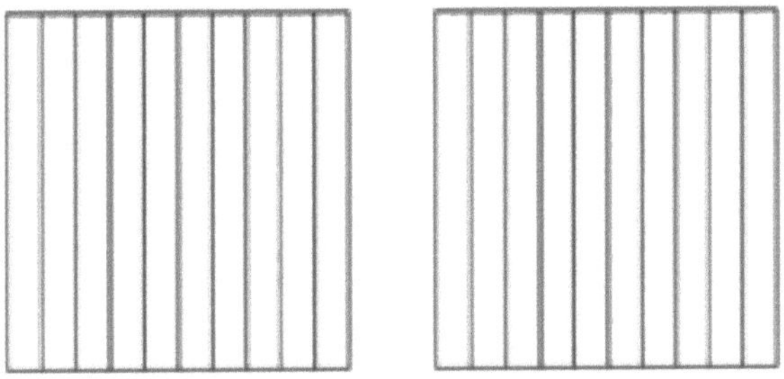

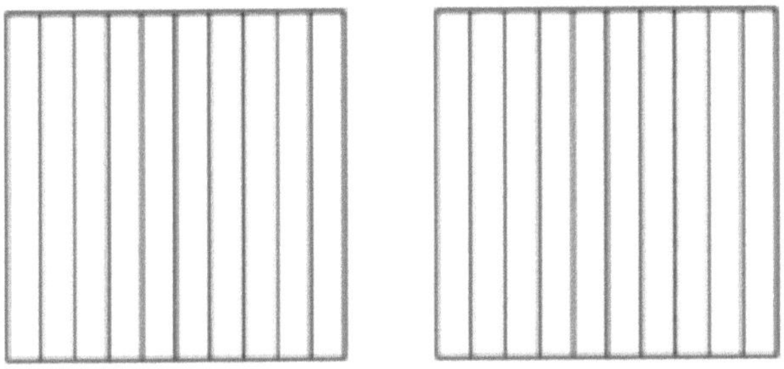

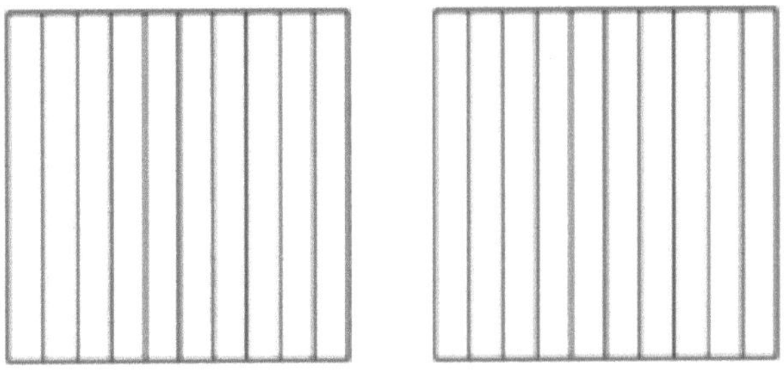

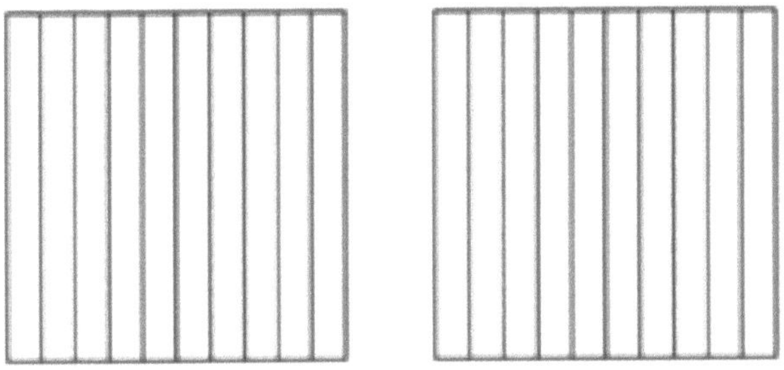

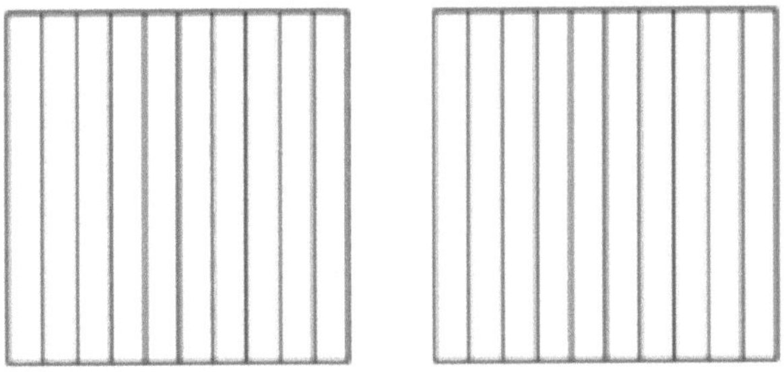

UNE HISTOIRE D'UNITÉS   Leçon 10 Modèle   4•6

_____

comparer avec les modèles d'aire

Leçon 10 : Utiliser des modèles d'aire et la ligne numérique pour comparer des nombres décimaux, et noter les comparaisons à l'aide de <, >, et =.

79

Pendant qu'elle coud, Kikanza a coupé 3 bandes de tissu coloré : une bande jaune de 2.8 pieds, une bande orange de 2.08 pieds et une bande rouge de 2.25 pieds.

Elle a rangé la bande la plus courte dans un tiroir et a placé les 2 autres bandes côte à côte sur une table. Dessine un diagramme à bandes pour comparer les longueurs des bandes sur la table. Quelle mesure est la plus longue ?

Lire   Dessiner   Écrire

Nom _____ Date _____

1. Trace les points suivants sur la ligne numérique.

   a. 0.2, $\frac{1}{10}$, 0.33, $\frac{12}{100}$, 0.21, $\frac{32}{100}$

   b. 3.62, 3.7, $3\frac{85}{100}$, $\frac{38}{10}$, $\frac{364}{100}$

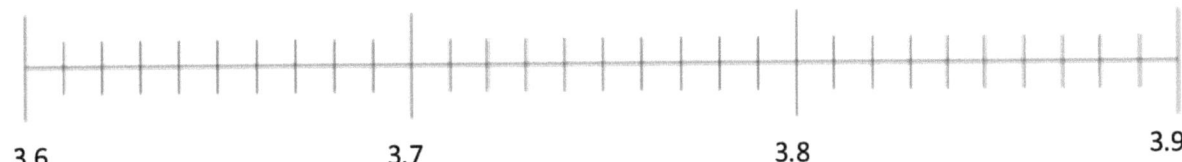

   c. $6\frac{3}{10}$, 6.31, $\frac{628}{100}$, $\frac{62}{10}$, 6.43, 6.40

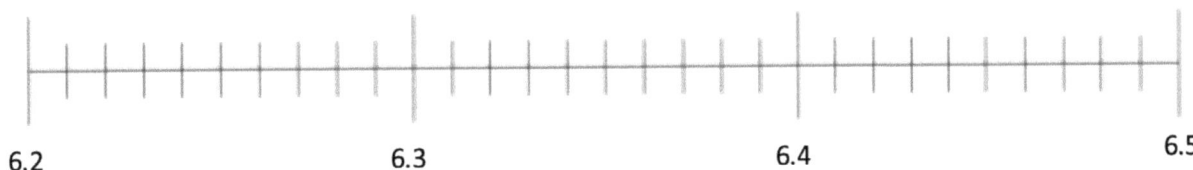

Leçon 11 : Comparer et classer des nombres mixtes sous diverses formes.

2. Arrange les nombres suivants dans l'ordre du plus grand au plus petit en utilisant la forme décimale. Utilise le signe > entre chaque nombre.

   a. $\frac{27}{10}$, 2.07, $\frac{27}{100}$, $2\frac{71}{100}$, $\frac{227}{100}$, 2.72

   b. $12\frac{3}{10}$, 13.2, $\frac{134}{100}$, 13.02, $12\frac{20}{100}$

   c. $7\frac{34}{100}$, $7\frac{4}{10}$, $7\frac{3}{10}$, $\frac{750}{100}$, 75, 7.2

3. Dans l'épreuve de saut en longueur, Rhonda a fait un saut de 1,64 mètre. Mary a fait un saut de $1\frac{6}{10}$ mètre. Kerri a fait un saut de $\frac{94}{100}$ mètre. Michelle a fait un saut de 1.06 mètre. Qui a sauté le plus loin ?

4. En décembre, $2\frac{3}{10}$ pieds de neige sont tombés. En janvier, 2.14 pieds de neige sont tombés. En février, $2\frac{19}{100}$ pieds de neige sont tombés et en mars, $1\frac{1}{10}$ pieds de neige sont tombés. Pendant quel mois a-t-il neigé le plus ? Pendant quel mois a-t-il neigé le moins ?

Nom _____   Date _____

1. Trace les points suivants sur la ligne numérique en utilisant la forme décimale.

   1 unité et 1 dixième, $\frac{13}{10}$, 1 unité et 20 centièmes, $\frac{129}{100}$, 1.11, $\frac{102}{100}$

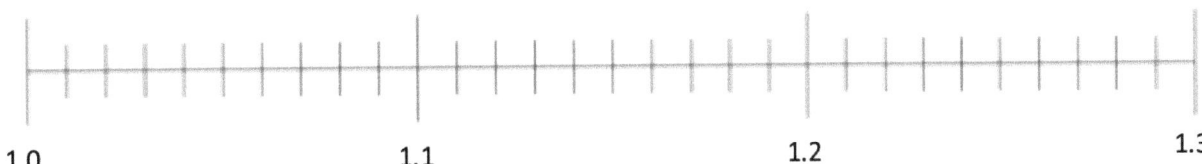

2. Arrange les nombres suivants dans l'ordre du plus grand au plus petit en utilisant la forme décimale. Utilise le signe > entre chaque nombre.

   5.6, $\frac{605}{100}$, 6.15, $6\frac{56}{100}$, $\frac{516}{100}$, unités et 5 dixièmes

Leçon 11 : Comparer et classer des nombres mixtes sous diverses formes.

| UNE HISTOIRE D'UNITÉS | **Leçon 12 Problème d'application** | 4•6 |

Lundi, $1\frac{7}{8}$ pouces de pluie sont tombés. Mardi, il a plu $\frac{1}{4}$ pouce. Quelle a été la quantité de pluie totale pour les deux jours ?

___

Lire   **Dessiner**   **Écrire**

Leçon 12 : Appliquer la compréhension de l'équivalence de fractions pour additionner des dixièmes et des centièmes.

Nom _____ Date _____

1. Complète la phrase numérique en exprimant chaque partie en centièmes. Modélise à l'aide du tableau de valeur de position, tel qu'illustré à la partie (a).

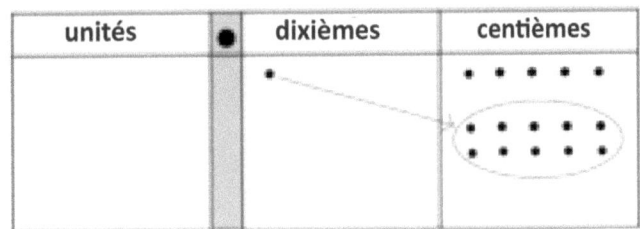

a. 1 dixième + 5 centièmes = _____ centièmes

b. 2 dixièmes + 1 centième = _____ centièmes

c. 1 dixième + 12 centièmes = _____ centièmes

2. Résous en convertissant tous les termes en centièmes avant de résoudre.

   a. 1 dixième + 3 centièmes = _____ centièmes + 3 centièmes = _____ centièmes

   b. 5 dixièmes + 12 centièmes = _____ centièmes + _____ centièmes = _____ centièmes

   c. 7 dixièmes + 27 centièmes = _____ centièmes + _____ centièmes = _____ centièmes

   d. 37 centièmes + 7 dixièmes = _____ centièmes + _____ centièmes = _____ centièmes

Leçon 12 : Appliquer la compréhension de l'équivalence de fractions pour additionner des dixièmes et des centièmes.

3. Trouve la somme. Au besoin, convertis les dixièmes en centièmes. Écris ta réponse sous forme de décimale.

   a. $\frac{2}{10} + \frac{8}{100}$

   b. $\frac{13}{100} + \frac{4}{10}$

   c. $\frac{6}{10} + \frac{39}{100}$

   d. $\frac{70}{100} + \frac{3}{10}$

4. Résous. Écris ta réponse sous forme de décimale.

   a. $\frac{9}{10} + \frac{42}{100}$

   b. $\frac{70}{100} + \frac{5}{10}$

   c. $\frac{68}{100} + \frac{8}{10}$

   d. $\frac{7}{10} + \frac{87}{100}$

5. Le bécher A contient $\frac{63}{100}$ litre d'iode. Il est rempli le reste avec de l'eau jusqu'à 1 litre. Le bécher B contient $\frac{4}{10}$ litre d'iode. Il est rempli le reste avec de l'eau jusqu'à 1 litre. Si les deux béchers sont vidés dans un grand bécher, combien d'iode le grand bécher contiendra-t-il ?

UNE HISTOIRE D'UNITÉS Leçon 12 Ticket de sortie 4•6

Nom _____ Date _____

1. Complète la phrase numérique en exprimant chaque partie en centièmes. Utilise le tableau de valeur de position pour modéliser.

unités	dixièmes	centièmes

1 dixième + 9 centièmes = _____ centièmes

2. Trouve la somme. Écris ta réponse sous forme de décimale.

$$\frac{4}{10} + \frac{73}{100}$$

Leçon 12 : Appliquer la compréhension de l'équivalence de fractions pour additionner des dixièmes et des centièmes.

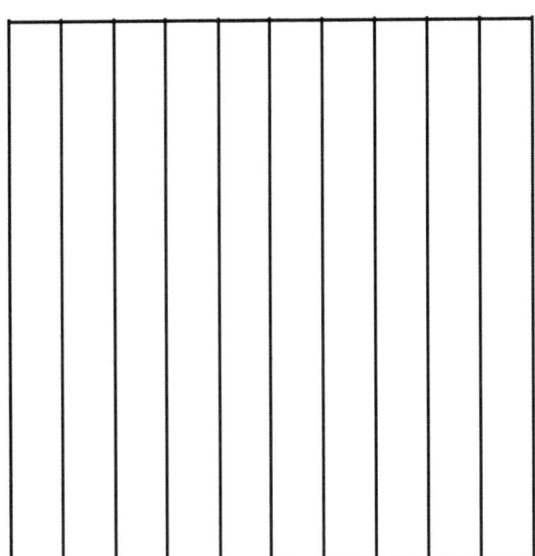

unités	•	dixièmes	centièmes

modèle d'aire et tableau de valeur de position

Leçon 12 : Appliquer la compréhension de l'équivalence de fractions pour additionner des dixièmes et des centièmes.

Nom _____ Date _____

1. Résous. Convertis les dixièmes en centièmes avant de trouver la somme. Réécris la phrase numérique complète sous forme décimale. Les problèmes 1(a) et 1(b) ont partiellement été complétés pour toi.

a. $2\frac{1}{10} + \frac{3}{100} = 2\frac{10}{100} + \frac{3}{100} =$ _____

$2.1 + 0.03 =$ _____

b. $2\frac{1}{10} + 5\frac{3}{100} = 2\frac{10}{100} + 5\frac{3}{100} =$ _____

c. $3\frac{24}{100} + \frac{7}{10}$

d. $3\frac{24}{100} + 8\frac{7}{10}$

2. Résous. Ensuite, réécris la phrase numérique complète sous forme décimale.

a. $6\frac{9}{10} + 1\frac{10}{100}$

b. $9\frac{9}{10} + 2\frac{45}{100}$

c. $2\frac{4}{10} + 8\frac{90}{100}$

d. $6\frac{37}{100} + 7\frac{7}{10}$

3. Résous en réécrivant l'expression sous forme de fraction. Une fois la réponse trouvée, réécris la phrase numérique sous forme décimale.

a. 6.4 + 5.3	b. 6.62 + 2.98
c. 2.1 + 0.94	d. 2.1 + 5.94
e. 5.7 + 4.92	f. 5.68 + 4.9
g. 4.8 + 3.27	h. 17.6 + 3.59

Leçon 13 : Additionner des nombres décimaux en les convertissant en fractions.

Nom _____ Date _____

Résous en réécrivant l'expression sous forme de fraction. Une fois la réponse trouvée, réécris la phrase numérique sous forme décimale.

1. 7.3 + 0.95

2. 8.29 + 5.9

Leçon 13 : Additionner des nombres décimaux en les convertissant en fractions.

Nom _____ Date _____

1. Le baril A contient 2.7 litres d'eau. Le baril B contient 3.09 litres d'eau. Ensemble, combien d'eau les deux barils contiennent-ils ?

2. Alissa a parcouru une distance de 15.8 kilomètres une semaine et 17.34 kilomètres la semaine suivante. Quelle distance a-t-elle parcouru en deux semaines ?

Leçon 14 : Résoudre des problèmes impliquant l'addition de mesures sous forme décimale.

3. D'un verger de pommiers ont été vendus 140.5 kilogrammes de pommes le matin et 15.85 kilogrammes de pommes de plus l'après-midi que le matin. Combien de kilogrammes de pommes ont été vendus ce jour-là ?

4. Une équipe de trois a couru une course de relais. Le temps du dernier coureur a été le plus rapide, faisant 29.2 secondes. Le temps du coureur du milieu était de 1.89 secondes plus lent que celui du coureur final. Le temps du premier coureur était de 0.9 seconde plus lent que celui du coureur du milieu. Quel a été le temps total de l'équipe pour la course ?

Nom _____ Date _____

Elise a parcouru 6,43 kilomètres samedi et 5,6 kilomètres dimanche. Combien de kilomètres au total a-t-elle parcourus samedi et dimanche ?

À la fin de la journée, Cameron a compté l'argent dans ses poches. Il a compté 7 pennies, 2 dimes et 2 quarters. Exprime la somme d'argent, en cents, qui était dans les poches de Cameron.

Lire   **Dessiner**   **Écrire**

Leçon 15 : Exprimer des quantités d'argent données sous diverses formes comme un nombre décimal.

Nom _____ Date _____

1. 100 pennies = $___.____   100¢ = $\frac{}{100}$ dollar

2. 1 penny = $___.____   1¢ = $\frac{}{100}$ dollar

3. 6 pennies = $___.____   6¢ = $\frac{}{100}$ dollar

4. 10 pennies = $___.____   10¢ = $\frac{}{100}$ dollar

5. 26 pennies = $___.____   26¢ = $\frac{}{100}$ dollar

6. 10 dimes = $___.____   100¢ = $\frac{}{10}$ dollar

7. 1 dime = $___.____   10¢ = $\frac{}{10}$ dollar

8. 3 dimes = $___.____   30¢ = $\frac{}{10}$ dollar

9. 5 dimes = $___.____   50¢ = $\frac{}{10}$ dollar

10. 6 dimes = $___.____   60¢ = $\frac{}{10}$ dollar

11. 4 quarters = $___.____   100¢ = $\frac{}{100}$ dollar

12. 1 quarter = $___.____   25¢ = $\frac{}{100}$ dollar

13. 2 quarters = $___.____   50¢ = $\frac{}{100}$ dollar

14. 3 quarters = $___.____   75¢ = $\frac{}{100}$ dollar

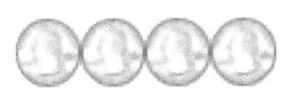

Leçon 15 : Exprimer des quantités d'argent données sous diverses formes comme un nombre décimal.

Résous. Donne la quantité d'argent totale sous forme de fraction et décimale.

15. 3 dimes et 8 pennies

16. 8 dimes et 23 pennies

17. 3 quarters 3 dimes et 5 pennies

18. 236 cents représente quelle fraction d'un dollar ?

Résous. Exprime la réponse sous forme décimale.

19. 2 dollars 17 pennies + 4 dollars 2 quarters

20. 3 dollars 8 dimes + 1 dollar 2 quarters 5 pennies

21. 9 dollars 9 dimes + 4 dollars 3 quarters 16 pennies

Nom _____ Date _____

Résous. Donne la quantité d'argent totale sous forme de fraction et décimale.

1. 2 quarters et 3 dimes

2. 1 quarter 7 dimes et 23 pennies

Résous. Exprime la réponse sous forme décimale.

3. 2 dollars 1 quarter 14 pennies + 3 dollars 2 quarters 3 dimes

UNE HISTOIRE D'UNITÉS   Leçon 16 Série de problèmes 4•6

Nom _____   Date _____

Utilise le processus Lire–Dessiner–Écrire (LDE) pour résoudre le problème. Écris ta réponse sous forme de décimale.

1. Miguel a un billet de 1 dollar, 2 dimes et 7 pennies. John a 2 billets d'un dollar, 3 quarters et 9 pennies. Quelle somme d'argent ont les deux garçons en tout ?

2. Suilin a besoin de 7 dollars et 13 cents pour acheter un livre. Dans son portefeuille, elle trouve 3 billets d'1 dollar, 4 dimes et 14 pennies. De combien d'argent en plus Suilin a-t-elle besoin pour acheter le livre ?

3. Vanessa a 6 dimes et 2 pennies. Joachim a 1 dollar, 3 dimes, et 5 pennies. Jimmy a 5 dollars et 7 pennies. Ils veulent réunir leur argent pour acheter un jeu qui coûte $8.00. Ont-ils assez d'argent pour acheter le jeu ? Si ce n'est pas le cas, de combien ont-ils encore besoin ?

4. Un stylo coûte $2.29. Une calculatrice coûte 3 fois plus cher qu'un stylo. Combien coûtent un stylo et une calculatrice ensemble ?

5. Krista a 7 dollars et 32 cents. Malory a 2 dollars et 4 cents. Quelle somme d'argent Krista a-t-elle besoin de donner à Malory pour que chacune ait le même montant d'argent ?

UNE HISTOIRE D'UNITÉS — Leçon 16 Ticket de sortie 4•6

Nom _____ Date _____

Utilise le processus Lire–Dessiner–Écrire (LDE) pour résoudre le problème. Écris ta réponse sous forme de décimale.

La maman de David lui a dit qu'il pouvait garder tout l'argent qu'il trouve sous les coussins du canapé de leur maison. David trouve 6 quarters, 4 dimes, et 26 pennies. Quelle somme d'argent David trouve-t-il au total ?

Leçon 16 : Résoudre des problèmes impliquant de l'argent.

4e année

Module 7

Nom _____ Date _____

a.

Livres (lb)	Onces (oz)
1	
2	
3	
4	
5	
6	
7	
8	
9	
10	

La règle pour convertir les livres (lb) en onces (oz) est _____.

b.

Yards (yd)	Pieds (ft)
1	
2	
3	
4	
5	
6	
7	
8	
9	
10	

La règle pour convertir les yards (yd) en pieds (ft) est _____.

c.

Pieds (ft)	Pouces (in)
1	
2	
3	
4	
5	
6	
7	
8	
9	
10	

La règle pour convertir les pieds (ft) en pouces (in) est _____.

Nom _____ Date _____

Utilise le processus LDE pour résoudre les problèmes 1 à 3.

1. Evan a posé un poids de 2 livres (lb) sur un côté de la balance. Combien de poids de 1 once (oz) devra-t-il mettre de l'autre côté de la balance pour les rendre égaux ?

2. Julius a posé un poids de 3 livres sur un côté de la balance. Abel a posé 35 poids de 1 once (oz) de l'autre côté. De combien de poids supplémentaires de 1 once (oz) Abel a-t-il besoin pour équilibrer la balance ?

3. Le bébé de Mme Upton pèse 5 livres (lb) et 4 onces (oz). Combien d'onces (oz) au total pèse le bébé ?

4. Complète les tableaux de conversion suivants et écris la règle sous chacun des tableaux.

a.

Livres (lb)	Onces (oz)
1	
3	
7	
10	
17	

La règle pour convertir les livres (lb) en onces (oz) est _____.

UNE HISTOIRE D'UNITÉS   Leçon 1 Série de problèmes   4•7

b.

Pieds (ft)	Pouces (in)
1	
2	
5	
10	
15	

La règle pour convertir les pieds (ft) en pouces (in) est

_____.

c.

Yards (yd)	Pieds (ft)
1	
2	
4	
10	
14	

La règle pour convertir les yards (yd) en pieds (ft) est

_____.

5. Résous.

   a. 3 pieds 1 pouce (3 ft 1 in) = _____ pouces (in)

   b. 11 pieds 10 pouces (11 ft 10 in) = _____ pouces (in)

   c. 5 yards 1 pied (5 yd 1 ft) = _____ pieds (ft)

   d. 12 yards 2 pieds (12 yd 2 ft) = _____ pieds (ft)

   e. 27 livres 10 onces (27 lb 10 oz) = _____ onces (oz)

   f. 18 yards 9 pieds (18 yd 9 ft) = _____ pieds (ft)

   g. 14 livres 5 onces (14 lb 5 oz) = _____ onces (oz)

   h. 5 yards 2 pieds (5 yd 2 ft) = _____ pieds (ft)

6. Réponds *vrai* ou *faux* aux phrases suivantes. Si la phrase est fausse, modifie le côté droit de la comparaison pour la rendre vraie.

   a. 2 kilogrammes > 2600 grammes _____

   b. 12 pieds (ft) < 140 pouces (in) _____

   c. 10 kilomètres = 10 000 mètres _____

Nom _____   Date _____

1. Résous.

   a. 8 pieds (ft) = _____ pouces (in)

   b. 4 yards 2 pieds (4 yd 2 ft) = _____ pieds (ft)

   c. 14 livres 7 onces (14 lb 7 oz) = _____ onces (oz)

2. Réponds *vrai* ou *faux* aux phrases suivantes. Si la phrase est fausse, modifie le côté droit de la comparaison pour la rendre vraie.

   a. 3 livres (lb) > 60 onces (oz)   _____

   b. 12 yards (yd) < 40 pieds (ft)   _____

Nom _____ Date _____

a.

Gallons (gal)	Quarts (qt)
1	
2	
3	
4	
5	
6	
7	
8	
9	
10	

La règle pour convertir les gallons (gal) en pintes (pt) est

_____.

b.

Quarts (qt)	Pintes (pt)
1	
2	
3	
4	
5	
6	
7	
8	
9	
10	

La règle pour convertir les quarts (qt) en pintes (pt) est

_____.

c.

Pintes (pt)	Tasses (c)
1	
2	
3	
4	
5	
6	
7	
8	
9	
10	

d. 1 gallon (gal) = ____ pintes (pt)

1 quart (qt) = ____ tasses (c)

1 gallon (gal) = ____ tasses (c)

La règle pour convertir les pintes (pt) en tasses (c) est _____.

Nom _____ Date _____

Utilise le processus LDE pour résoudre les problèmes 1 à 3.

1. Susie a 3 quarts (qt) de lait. Combien de pintes (pt) a-t-elle ?

2. Kristin a 3 gallons et 2 quarts (3 gal 2 qt) d'eau. Alana a besoin de la même quantité d'eau mais n'a que 8 quarts (qt). De combien de quarts (qt) d'eau supplémentaires Alana a-t-elle besoin ?

3. Leonard a acheté 4 litres de jus d'orange. Combien de millilitres de jus a-t-il ?

4. Complète les tableaux de conversion suivants et écris la règle sous chacun des tableaux.

a.

Gallons (gal)	Quarts (qt)
1	
3	
5	
10	
13	

La règle pour convertir les gallons (gal) en pintes (pt) est _____ .

b.

Quarts (qt)	Pintes (pt)
1	
2	
6	
10	
16	

La règle pour convertir les quarts (qt) en pintes (pt) est _____

5. Résoudre.

   a. 8 gallons 2 quarts (8 gal 2 qt) = _____ quarts (qt)

   b. 15 gallons 2 quarts (15 gal 2 qt) = _____ quarts (qt)

   c. 8 quarts 2 pintes (8 qt 2 pt) = _____ pintes (pt)

   d. 12 quarts 3 pintes (12 qt 3 pt) = _____ tasses (c)

   e. 26 gallons 3 quarts (26 gal 3 qt) = _____ pintes (pt)

   f. 32 gallons 2 quarts (32 gal 2 qt) = _____ tasses (c)

6. Réponds vrai ou faux aux phrases suivantes. Si ta réponse est fausse, réécris la phrase pour la rendre vraie.

   a. 1 gallon (gal) > 4 quarts (qt) _____

   b. 5 litres = 5000 millilitres _____

   c. 15 pintes (pt) < 1 gallon (gal) 1 tasse (c)_____

7. Russell a 5 litres d'un certain médicament. S'il faut 2 millilitres pour faire 1 dose, combien de doses peut-il faire ?

8. Chaque mois, la famille Moore boit 16 gallons (gal) de lait et la famille Siler consomme 44 quarts (qt) de lait. Quelle famille boit le plus de lait chaque mois ?

9. Le stand de limonade de Keith a servi de la limonade dans des verres d'une capacité de 1 tasse (c). S'il avait 9 gallons (gal) de limonade, combien de tasses (c) pourrait-il vendre ?

Nom _____ Date _____

1. Remplis le tableau.

Quarts (qt)	Tasses (c)
1	
2	
4	

2. Le médecin de Bonnie lui a recommandé de boire 2 tasses (c) de lait par jour. Si elle achète 3 quarts (qt) de lait, y aura-t-il assez de lait pour une semaine ? Explique comment tu le sais.

Nom _____ Date _____

a.

Minutes	Secondes
1	
2	
3	
4	
5	
6	
7	
8	
9	
10	

La règle pour convertir les minutes en secondes est _____.

b.

Heures	Minutes
1	
2	
3	
4	
5	
6	
7	
8	
9	
10	

La règle pour convertir les heures en minutes est _____.

c.

Jours	Heures
1	
2	
3	
4	
5	
6	
7	
8	
9	
10	

La règle pour convertir les jours en heures est _____.

Leçon 3 : Créer des tableaux de conversion pour les unités de temps, et utiliser les tableaux pour résoudre des problèmes.

Nom _____   Date _____

Utilise le processus LDE pour résoudre les problèmes 1 et 2.

1. Courtney doit quitter la maison avant 8 h 00. Si elle se réveille à 6 h du matin, combien de minutes a-t-elle pour se préparer ? Utilise la ligne numérique pour montrer ton travail.

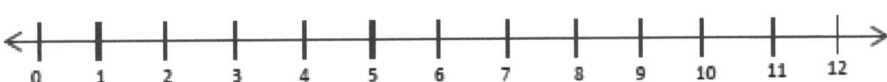

2. L'objectif de Giuliana était de courir un marathon en moins de 6 heures. Quel était son objectif en minutes ?

3. Complète les tableaux de conversion suivants et écris la règle sous chacun des tableaux.

a.

Heures	Minutes
1	
3	
6	
10	
15	

La règle pour convertir les heures en minutes et minutes en secondes est

_____.

b.

Jours	Heures
1	
2	
5	
7	
10	

La règle pour convertir les jours en heures est

_____.

4. Résoudre.

   a. 9 heures 30 minutes = _____ minutes

   b. 7 minutes 45 secondes = _____ secondes

   c. 9 jours 20 heures = _____ heures

   d. 22 minutes 27 secondes = _____ secondes

   e. 13 jours 19 heures = _____ heures

   f. 23 heures 5 minutes = _____ minutes

5. Explique comment tu as résolu le Problème 4(f).

6. Combien de secondes y a-t-il dans 14 minutes 43 secondes ?

7. Combien d'heures y a-t-il dans 4 semaines 3 jours ?

Nom _____ Date _____

Les astronautes d'Apollo 17 ont effectué 3 sorties dans l'espace sur la Lune pour une durée totale de 22 heures 4 minutes. Combien de minutes les astronautes ont-ils marché dans l'espace ?

Nom _____ Date _____

Utilise le processus LDE pour résoudre les problèmes suivants.

1. Beth a droit à 2 heures de télévision par semaine. Sa sœur a droit à 2 fois plus de temps. Combien de minutes de télévision la sœur de Beth peut-elle regarder ?

2. Clay pèse 9 fois plus que sa petite sœur. Clay pèse 63 livres (lb). Combien pèse sa petite sœur en onces (oz) ?

3. Helen a 4 yards (yd) de corde. Daniel a 4 fois plus de corde qu'Helen. Combien de pieds (ft) de corde de plus Daniel a-t-il par rapport à Helen ?

4. Un lave-vaisselle utilise 11 litres d'eau pour chaque cycle. Une machine à laver utilise 5 fois plus d'eau qu'un lave-vaisselle utilise pour chaque charge. Combinés, combien de millilitres d'eau sont utilisés pour 1 cycle de chaque machine à laver ?

5. Joyce a acheté 2 livres (lb) de pommes. Elle a acheté 3 fois plus de livres (lb) de pommes de terre que de livres (lb) de pommes. Les melons qu'elle a achetés étaient 10 onces (oz) plus légers que le poids total des pommes de terre. Combien d'onces (oz) les melons pesaient-ils ?

Nom _____ Date _____

Utilise le processus LDE pour résoudre le problème suivant.

Brian a un melon qui pèse 3 livres (lb). Il l'a coupé en six morceaux égaux. Combien d'onces (oz) chaque morceau pesait-il ?

Nom _____ Date _____

1. a. Étiquette le reste du diagramme à bandes ci-dessous. Résous pour trouver l'inconnue.

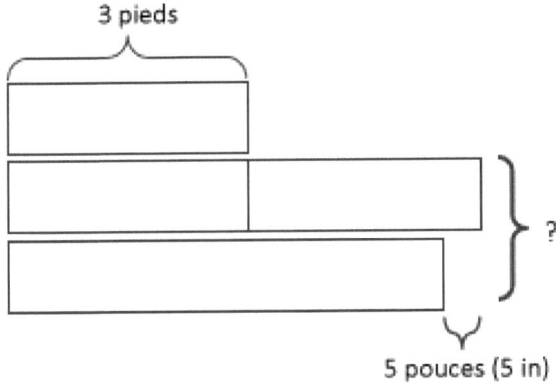

   b. Rédige ton propre problème que tu pourrais résoudre à l'aide du diagramme ci-dessus.

2. Crée ton propre problème à l'aide du diagramme ci-dessous, et trouve l'inconnue.

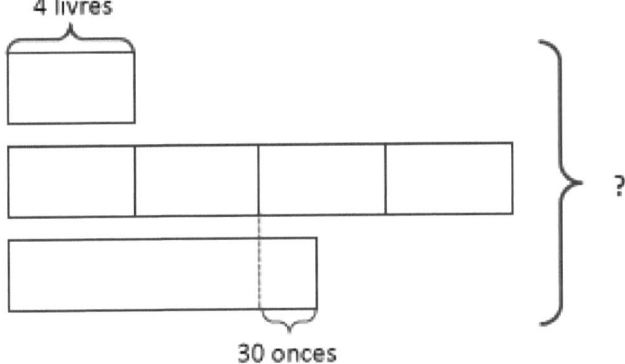

Nom _____ Date _____

Caitlin a couru 1680 pieds (ft) lundi et 2340 pieds (ft) mardi. Combien de yards (yd) a-t-elle courus pendant ces deux jours ?

Leçon 5 : Partager et commenter les stratégies de ses pairs.

UNE HISTOIRE D'UNITÉS   Leçon 5 Modèle   4•7

Camarade de classe :		**Numéro du problème :**	
Stratégies utilisées par mon camarade de classe :			
Choses que mon camarade de classe a bien faites :			
Suggestions d'amélioration :			
Les modifications que j'apporterais à mon travail en me basant sur le travail de mon camarade de classe :			

Camarade de classe :		**Numéro du problème :**	
Stratégies utilisées par mon camarade de classe :			
Choses que mon camarade de classe a bien faites :			
Suggestions d'amélioration :			
Les modifications que j'apporterais à mon travail en me basant sur le travail de mon camarade de classe :			

Formulaire de partage et de commentaires par les pairs

Leçon 5 :   Partager et commenter les stratégies de ses pairs.

Nom _____   Date _____

1. Détermine les sommes et différences suivantes. Montre ton travail.

   a. 3 qt + 1 qt = _____ gal

   b. 2 gal 1 qt + 3 qt = _____ gal

   c. 1 gal – 1 qt = _____ qt

   d. 5 gal – 1 qt = _____ gal _____ qt

   e. 2 c + 2 c = _____ qt

   f. 1 qt 1 pt + 3 pt = _____ qt

   g. 2 qt – 3 pt = _____ pt

   h. 5 qt – 3 c = _____ qt _____ c

2. Trouve les sommes et différences suivantes. Montre ton travail.

   a. 6 gal 3 qt + 3 qt = _____ gal _____ qt

   b. 10 gal 3 qt + 3 gal 3 qt = _____ gal _____ qt

   c. 9 gal 1 pt – 2 pt = _____ gal _____ pt

   d. 7 gal 1 pt – 2 gal 7 pt = _____ gal _____ pt

   e. 16 qt 2 c + 4 c = _____ qt _____ c

   f. 6 gal 5 pt + 3 gal 3 pt = _____ gal _____ pt

Leçon 6 : Résoudre des problèmes impliquant des unités mixtes de contenance.

3. La capacité d'un pichet est de 3 quarts (qt). À l'heure actuelle, il contient 1 quart 3 tasses (1 qt 3 c) de liquide. Combien plus de liquide le pichet peut-il contenir ?

4. Dorothy suit la recette du tableau pour préparer la limonade aux cerises de sa grand-mère.

   a. Quelle quantité de limonade peut-on faire avec cette recette ?

Limonade aux cerises	
Ingrédients	Quantités
Jus de citron	5 pintes (pt)
Sirop de sucre	2 tasses (c)
Eau	1 gallon 1 quart (1 gal 1 qt)
Jus de cerise	3 quarts (qt)

   b. Combien de tasses d'eau supplémentaires Dorothy pourrait-elle ajouter à la recette pour faire un nombre exact de gallons de limonade ?

Nom _____ Date _____

1. Trouve les sommes et différences suivantes. Montre ton travail.

   a. 7 gal 2 qt + 3 gal 3 qt = _____ gal _____ qt

   b. 9 gal 1 qt − 5 gal 3 qt = _____ gal _____ qt

2. Jason a versé 1 gallon 1 quart (1 gal 1 qt) d'eau dans un seau vide de 2 gallons (gal). Combien d'eau peut-on ajouter pour atteindre la capacité de 2 gallons (gal) du seau ?

Samantha fait du punch pour un pique-nique de sa classe. Il y a 26 élèves dans sa classe. Samantha utilise 1 gallon 2 quarts (1 gal 2 qt) de jus d'orange, 3 quarts (qt) de limonade et 1 gallon 3 quarts (1 gal 3 qt) d'eau pétillante. Quel volume de punch a fait Samantha en tout ? Y en aura-t-il assez pour que chaque élève ait deux portions de 1 tasse (c) de punch ?

Lire   **Dessiner**   **Écrire**

Nom _____   Date _____

1. Détermine les sommes et différences suivantes. Montre ton travail.

    a. 1 ft + 2 ft = _____ yd

    b. 3 yd 1 ft + 2 ft = _____ yd

    c. 1 yd − 1 ft = _____ ft

    d. 8 yd − 1 ft = _____ yd _____ ft

    e. 3 in + 9 in = _____ ft

    f. 6 in + 9 in = _____ ft _____ in

    g. 1 ft − 8 in = _____ in

    h. 5 ft − 8 in = _____ ft _____ in

2. Trouve les sommes et différences suivantes. Montre ton travail.

    a. 5 yd 2 ft + 2 ft = _____ yd _____ ft

    b. 7 yd 2 ft + 2 yd 2 ft = _____ yd _____ ft

    c. 4 yd 1 ft − 2 ft = _____ yd _____ ft

    d. 6 yd 1 ft − 2 yd 2 ft = _____ yd _____ ft

    e. 6 ft 9 in + 4 in = _____ ft _____ in

    f. 4 ft 4 in + 3 ft 11 in = _____ ft _____ in

    g. 34 ft 4 in − 8 in = _____ ft _____ in

    h. 7 ft 1 in − 5 ft 10 in = _____ ft _____ in

3. Matthew mesure 6 pieds 2 pouces (6 ft 2 in). Sa petite cousine Emma mesure 3 pieds 6 pouces (3 ft 6 in). De combien est plus grand Matthew qu'Emma ?

4. En classe de gym, Jared a grimpé 10 pieds 4 pouces (10 ft 4 in) sur une corde. Puis, il a continué à grimper encore 3 pieds 9 pouces (3 ft 9 in). Quelle fut la hauteur de la montée de Jared ?

5. Un quadrilatère a un périmètre de 18 pieds 2 pouces (18 ft 2 in). La somme de trois de ses côtés est de 12 pieds 4 pouces (12 ft 4 in).

    a. Quelle est la longueur du quatrième côté ?

    b. Un triangle équilatéral a une longueur de côté égale au quatrième côté du quadrilatère. Quel est le périmètre du triangle ?

UNE HISTOIRE D'UNITÉS   Leçon 7 Ticket de sortie   4•7

Nom _____   Date _____

Détermine les sommes et différences suivantes. Montre ton travail.

1. 4 yd 1 ft + 2 ft _____ yd

2. 6 yd − 1 ft = _____ yd _____ ft

3. 4 yd 1 ft + 3 yd 2 ft = _____ yd

4. 8 yd 1 ft − 3 yd 2 ft = _____ yd _____ ft

Leçon 7 :   Résoudre des problèmes impliquant des unités de longueur mixtes.

Un panneau à côté des montagnes russes indique qu'une personne doit mesurer 54 pouces (in) pour monter. Lors de son dernier rendez-vous chez le médecin, Hever mesurait 4 pieds 4 pouces (4 ft 4 in). Il a grandi de 3 pouces (in) depuis lors.

a. Hever est-il assez grand pour monter sur les montagnes russes ? De combien de pouces (in) fait-il ou manque-t-il la hauteur minimale ?

b. Le père de Hever mesure 6 pieds 3 pouces (6 ft 3 in). De combien plus grand son père est-il que la taille minimale ?

Lire   Dessiner   Écrire

Nom _____ Date _____

1. Détermine les sommes et différences suivantes. Montre ton travail.

   a. 7 oz + 9 oz = _____ lb

   b. 1 lb 5 oz + 11 oz = _____ lb

   c. 1 lb – 13 oz = _____ oz

   d. 12 lb – 4 oz = _____ lb _____ oz

   e. 3 lb 9 oz + 9 oz = _____ lb _____ oz

   f. 30 lb 9 oz + 9 lb 9 oz _____ lb _____ oz

   g. 25 lb 2 oz – 14 oz = _____ lb _____ oz

   h. 125 lb 2 oz – 12 lb 3 oz = _____ lb _____ oz

2. Le poids total des sacs à dos pleins de Sarah et Amanda est de 27 livres (lb). Le sac à dos de Sarah pèse 15 livres 9 onces (15 lb 9 oz). Combien pèse le sac à dos d'Amanda ?

3. Dans la trousse d'Emma, un crayon pèse 3 onces (oz). Ses ciseaux pèsent 3 onces (oz) de plus que le crayon et un pot de colle pèse trois fois plus que les ciseaux. Combien pèse le pot de colle en livres (lb) et onces (oz) ?

4. Utilise les informations du tableau au sujet des fournitures scolaires de Jodi pour répondre aux questions suivantes :

   a. Le lundi, Jodi ne met que son ordinateur portable et sa trousse dans son cartable. Combien pèse son cartable plein ?

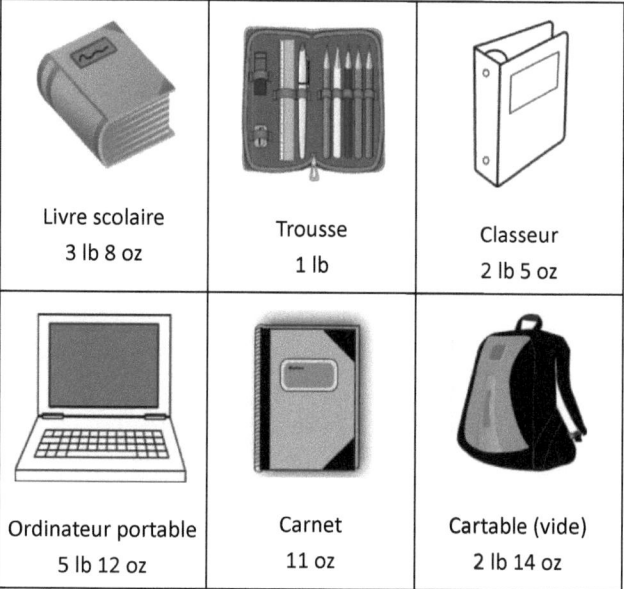

| Livre scolaire 3 lb 8 oz | Trousse 1 lb | Classeur 2 lb 5 oz |
| Ordinateur portable 5 lb 12 oz | Carnet 11 oz | Cartable (vide) 2 lb 14 oz |

   b. Le mardi, Jodi apporte son ordinateur portable, sa trousse, deux carnets et deux livres scolaires dans son cartable. Le vendredi, Jodi n'amène que son classeur et sa trousse. Combien de moins pèse le cartable plein de Jodi vendredi par rapport à mardi ?

Leçon 8 Ticket de sortie 4•7

Nom _____ Date _____

Détermine les sommes et différences suivantes. Montre ton travail.

1. 4 lb 6 oz + 10 oz = _____ lb _____ oz

2. 12 lb 4 oz + 3 lb 14 oz = _____ lb _____ oz

3. 5 lb 4 oz – 12 oz = _____ lb _____ oz

4. 20 lb 5 oz – 13 lb 7 oz = _____ lb _____ oz

Leçon 8 : Résoudre des problèmes impliquant des unités de poids mixtes.

UNE HISTOIRE D'UNITÉS · Leçon 9 Problème d'application 4•7

Nom _____ Date _____

1. Détermine les sommes et différences suivantes. Montre ton travail.

    a. 23 min + 37 min = _____ hr

    b. 1 hr 11 min + 49 min = _____ hr

    c. 1 hr − 12 min = _____ min

    d. 4 hr − 12 min = _____ hr _____ min

    e. 22 sec + 38 sec = _____ min

    f. 3 min − 45 sec = _____ min _____ sec

2. Trouve les sommes et différences suivantes. Montre ton travail.

    a. 3 hr 45 min + 25 min = _____ hr _____ min

    b. 2 hr 45 min + 6 hr 25 min = _____ hr _____ min

    c. 3 hr 7 min − 42 min = _____ hr _____ min

    d. 5 hr 7 min − 2 hr 13 min = _____ hr _____ min

    e. 5 min 40 sec + 27 sec = _____ min _____ sec

    f. 22 min 48 sec − 5 min 58 sec = _____ min _____ sec

Leçon 9 : Résoudre des problèmes impliquant des unités de temps mixtes.

3. Lors de la compétition d'empilement de tasses, le temps de la première place était de 1 minute 52 secondes. C'était 31 secondes plus rapide que la deuxième place. Quel était le temps de la deuxième place ?

4. Jackeline et Raychel ont 5 heures pour regarder trois films qui durent respectivement 1 heure 22 minutes, 2 heures 12 minutes et 1 heure 57 minutes.

   a. Les filles ont-elles assez de temps pour regarder les trois films ? Explique pourquoi ou pourquoi pas.

   b. Si Jackeline et Raychel décident de ne regarder que les deux films les plus longs et de faire une pause de 30 minutes entre les deux, combien de leurs 5 heures leur restera-t-il ?

Nom _____ Date _____

Trouve les sommes et différences suivantes. Montre ton travail.

1. 2 hr 25 min + 25 min = _____ hr _____ min

2. 4 hr 45 min + 2 hr 35 min = _____ hr _____ min

3. 11 hr 6 min – 32 min = _____ hr _____ min

4. 8 hr 9 min – 6 hr 42 min = _____ hr _____ min

Leçon 9 :   Résoudre des problèmes impliquant des unités de temps mixtes.

Nom _____ Date _____

Utilise le processus LDE pour résoudre les problèmes suivants.

1. Le temps de Paula à nager dans le triathlon Ironman était de 1 heure 25 minutes. Son temps à vélo était de 5 heures de plus que son temps à nager. Elle a couru pendant 4 heures 50 minutes. Combien de temps lui a-t-il fallu pour terminer les trois parties de la course ?

2. Nolan a mis 7 gallons 3 quarts (7 gal 3 qt) d'essence dans sa voiture lundi et deux fois plus samedi. Quelle a été la quantité totale d'essence mise dans la voiture les deux jours ?

Leçon 10 : Résoudre des problèmes de mesures à plusieurs étapes.

3. Une citrouille pèse 7 livres 12 onces (7 lb 12 oz). Une deuxième citrouille pèse 10 livres 4 onces (10 lb 4 oz). Une troisième citrouille pèse 2 livres 9 onces (2 lb 9 oz) de plus que la deuxième citrouille. Quel est le poids total des trois citrouilles ?

4. M. Lane mesure 6 pieds 4 pouces (6 ft 4 in). Sa fille, Mary, mesure 3 pieds 8 pouces (3 ft 8 in) de moins que son père. Son fils mesure 9 pouces (9 in) de plus que Mary. De combien de pouces est M. Lane plus grand que son fils ?

Nom _____ Date _____

Utilise le processus LDE pour résoudre le problème suivant.

Hadley a passé 1 heure et 20 minutes à faire ses devoirs de mathématiques, 45 minutes à compléter ses devoirs d'études sociales et 30 minutes à étudier son orthographe. Combien de temps Hadley a-t-elle consacré à ses devoirs et ses études ?

Nom _____ Date _____

Utilise le processus LDE pour résoudre les problèmes suivants.

1. Lauren a couru un marathon et a terminé 1 heure 15 minutes après Amy, qui a eu un temps de 2 heures 20 minutes. Cassie a terminé 35 minutes après Lauren. Combien de temps a-t-il fallu à Cassie pour courir le marathon ?

2. Le chef Joe a 8 lb 4 oz de bœuf haché dans son congélateur. C'est $\frac{1}{3}$ de la quantité nécessaire pour faire le nombre de hamburgers qu'il a prévu pour une fête. S'il utilise 4 oz de bœuf pour chaque hamburger, combien de hamburgers compte-t-il préparer ?

Leçon 11 : Résoudre des problèmes de mesures à plusieurs étapes.

3. Sarah a lu pendant 1 heure 17 minutes chaque jour pendant 6 jours. Si elle a mis 3 minutes pour lire chaque page, combien de pages a-t-elle lues en 6 jours ?

4. Les élèves de 3e, 4e et 5e années ont leur excursion annuelle ensemble. Chaque année scolaire reçoit 16 gallons d'eau. S'il y a un total de 350 élèves, y aura-t-il assez d'eau pour que chaque élève ait 2 tasses ?

Nom _____ Date _____

Utilise le processus LDE pour résoudre le problème suivant.

Judy a passé 1 heure 15 minutes de moins que Sandy à faire de l'exercice la semaine dernière. Sandy a passé 50 minutes de moins que Mary, qui a passé 3 heures au gymnase. Combien de temps Judy a-t-elle passé à faire de l'exercice ?

UNE HISTOIRE D'UNITÉS — Leçon 12 Problème d'application 4•7

Un carreau rectangulaire a une largeur de 1 pied 6 pouces (1 ft 6 in) et une longueur de 2 pieds (2 ft). Quel est le périmètre du carreau ?

Lire   Dessiner   Écrire

Nom _____ Date _____

1. Trace un diagramme à bandes pour montrer 1 yard (1 yd) divisé en 3 parties égales.

   a. $\frac{1}{3}$ yd = _____ ft

   b. $\frac{2}{3}$ yd = _____ ft

   c. $\frac{\square}{\square}$ yd = _____ ft

2. Trace un diagramme à bandes pour montrer $2\frac{2}{3}$ yards (yd) = 8 pieds (8 ft).

3. Trace un diagramme à bandes pour montrer $\frac{3}{4}$ gallon (gal) = 3 quarts (3 qt).

4. Trace un diagramme à bandes pour montrer $3\frac{3}{4}$ gallons (gal) = 15 quarts (15 qt).

5. Résous les problèmes en utilisant l'outil qui marche le mieux pour toi.

   a. $\frac{1}{12}$ ft = _____ in

   b. $\frac{\overline{12}}{}$ ft = $\frac{1}{2}$ ft = _____ in

   c. $\frac{\overline{12}}{}$ ft = $\frac{1}{4}$ ft = _____ in

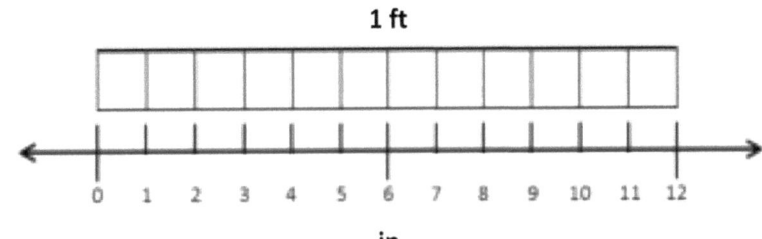

Leçon 12 : Utiliser des outils de mesure pour convertir des mesures sous forme de nombres mixtes en unités plus petites.

d. $\overline{12}$ ft = $\frac{3}{4}$ ft = _____ in

e. $\overline{12}$ ft = $\frac{1}{3}$ ft = _____ in

f. $\overline{12}$ ft = $\frac{2}{3}$ ft = _____ in

6. Résoudre.

a. $1\frac{1}{3}$ yd = _____ ft	b. $4\frac{2}{3}$ yd = _____ ft
c. $2\frac{1}{2}$ gal = _____ qt	d. $7\frac{3}{4}$ gal = _____ qt
e. $1\frac{1}{2}$ ft = _____ in	f. $6\frac{1}{2}$ ft = _____ in
g. $1\frac{1}{4}$ ft = _____ in	h. $6\frac{1}{4}$ ft = _____ in

Nom _____   Date _____

1. Résous les problèmes en utilisant l'outil qui marche le mieux pour toi.

    a. $\overline{\frac{12}{}}$ ft = $\frac{1}{2}$ ft = _____ in

    b. $\overline{\frac{12}{}}$ ft = $\frac{3}{4}$ ft = _____ in

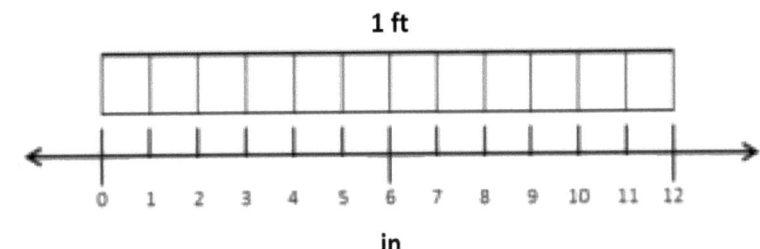

2. Résoudre.

    a. $1\frac{1}{3}$ yd = _____ ft

    b. $5\frac{3}{4}$ gal = _____ qt

Micah a utilisé $3\frac{3}{4}$ gallons de peinture pour peindre sa salle de bain. Il a utilisé 3 fois plus de peinture pour peindre sa chambre. Combien de quarts de peinture lui a-t-il fallu pour peindre sa chambre ?

Lire   **Dessiner**   **Écrire**

Leçon 13 : Utiliser des outils de mesure pour convertir des mesures sous forme de nombres mixtes en unités plus petites.

Nom _____ Date _____

1. Résous.

   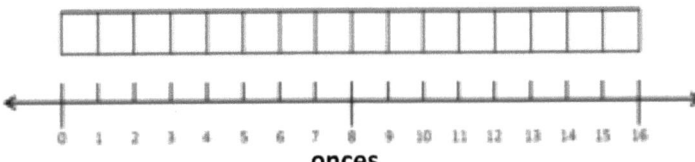

   a. $\dfrac{1}{16}$ livre (lb) = _____ once (oz)

   b. $\dfrac{}{16}$ livre (lb) = $\dfrac{1}{2}$ livre (lb) = _____ onces (oz)

   c. $\dfrac{}{16}$ livre (lb) = $\dfrac{1}{4}$ livre (lb) = _____ onces (oz)

   d. $\dfrac{}{16}$ livre (lb) = $\dfrac{3}{4}$ livre (lb) = _____ onces (oz)

   e. $\dfrac{}{16}$ livre (lb) = $\dfrac{1}{8}$ livre (lb) = _____ onces (oz)

   f. $\dfrac{}{16}$ livre (lb) = $\dfrac{3}{8}$ livre (lb) = _____ onces (oz)

2. Trace un diagramme à bandes pour montrer $2\dfrac{1}{2}$ livres (lb) = 40 onces (oz).

3.

   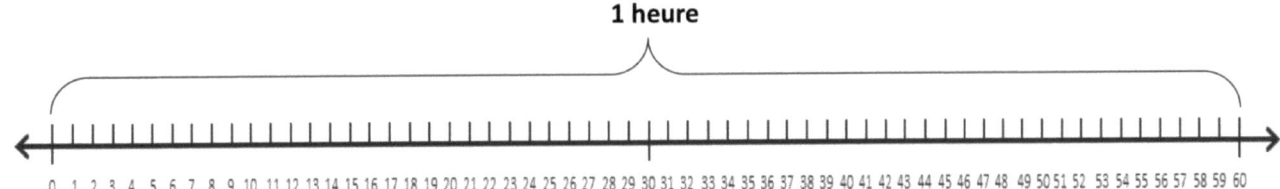

   a. $\dfrac{1}{60}$ heure = _____ minute

   b. $\dfrac{}{60}$ heure = $\dfrac{1}{2}$ heure = _____ minutes

   c. $\dfrac{}{60}$ heure = $\dfrac{1}{4}$ heure = _____ minutes

4. Trace un diagramme à bandes pour montrer que $1\dfrac{1}{2}$ heures = 90 minutes.

5. Résous.

a. $1\frac{1}{8}$ livres (lb) = _____ onces (oz)	b. $3\frac{3}{8}$ livres (lb) = _____ onces (oz)
c. $5\frac{3}{4}$ lb = _____ oz	d. $1\frac{1}{4}$ lb = _____ oz
e. $5\frac{1}{2}$ heures = _____ minutes	f. $3\frac{1}{2}$ heures = _____ minutes
g. $2\frac{1}{4}$ hr = _____ min	h. $5\frac{1}{2}$ hr = _____ min
i. $3\frac{1}{3}$ yards (yd) = _____ pieds (ft)	j. $7\frac{2}{3}$ yd = _____ ft
k. $4\frac{1}{2}$ gallons (gal) = _____ quarts (qt)	l. $6\frac{3}{4}$ gal = _____ qt
m. $5\frac{3}{4}$ pieds (ft) = _____ pouces (in)	n. $8\frac{1}{3}$ ft = _____ in

Nom _____   Date _____

1. Trace un diagramme à bandes pour montrer que $4\frac{3}{4}$ gallons (gal) = 19 quarts (19 qt).

2. Résous.

a. $1\frac{1}{4}$ livres (lb) = _____ onces (oz)	b. $2\frac{3}{4}$ hr = _____ min
c. $5\frac{1}{2}$ pieds (ft) = _____ pouces (in)	d. $3\frac{5}{6}$ ft = _____ in

Leçon 13 : Utiliser des outils de mesure pour convertir des mesures sous forme de nombres mixtes en unités plus petites.

Nom _____ Date _____

Utilise le processus LDE pour résoudre les problèmes suivants.

1. Un dessin animé dure $\frac{1}{2}$ heure. Un film est 6 fois plus long que le dessin animé. Combien de minutes faut-il pour regarder le dessin animé et le film ?

2. Un grand banc mesure $7\frac{1}{6}$ pieds (ft) de long. Il mesure 17 pouces (17 in) de plus qu'un banc plus court. Combien de pouces de long est le banc le plus court ?

3. Le premier récipient contient 4 gallons 2 quarts (4 gal 2 qt) de jus. Le deuxième récipient peut contenir $1\frac{3}{4}$ gallons (gal) de plus que le premier récipient. Au total, combien de jus les deux récipients peuvent-ils contenir ?

4. La taille d'une fille est de $3\frac{1}{3}$ pieds (ft). La taille d'une girafe est 3 fois supérieure à celle de la fille. Combien de pouces la girafe mesure-t-elle de plus que la fille ?

5. Cinq onces de bretzels sont mis dans chaque sachet. Combien de sachets peuvent être fabriqués à partir de $22\frac{3}{4}$ livres (lb) de bretzels ?

6. Vingt portions de crêpes nécessitent 15 onces (15 oz) de mélange à crêpes.

   a. Combien de mélange à crêpes faut-il pour 120 portions ?

   b. Extension : Le mélange est acheté en paquet de $2\frac{1}{2}$ livres (lb). Combien de paquets seront nécessaires pour faire 120 portions ?

UNE HISTOIRE D'UNITÉS　　　　　　　　　　　Leçon 14 Ticket de sortie　4•7

Nom _____　　Date _____

Utilise le processus LDE pour résoudre le problème suivant.

Il a fallu 1 heure et 20 minutes à Gigi pour terminer une course cycliste. Il a fallu deux fois plus de temps à Johnny parce qu'il avait un pneu crevé. Combien de minutes a-t-il fallu à Johnny pour terminer la course ?

Leçon 14 :　　Résoudre des problèmes à plusieurs étapes impliquant la conversion de mesures sous forme de nombres mixtes en une seule unité.

La chambre rectangulaire d'Emma mesure 11 pieds (11 ft) de long et 12 pieds (12 ft) de large. Dessine et étiquette un diagramme de la chambre d'Emma. De combien de pieds carrés (sq ft) de tapis Emma a-t-elle besoin pour recouvrir le sol de sa chambre ?

_____

_____

_____

_____

Lire   **Dessiner**   **Écrire**

Nom _____ Date _____

1. La chambre rectangulaire d'Emma mesure 11 pieds (11 ft) de long et 12 pieds (12 ft) de large avec une garde-robe attenante de 4 pieds (4 ft) sur 5 pieds (5 ft). De combien de pieds carrés (sq ft) de tapis Emma a-t-elle besoin pour recouvrir le sol de sa chambre et sa garde-robe ?

2. Pour économiser de l'argent, Emma ne va plus tapisser sa garde-robe. De plus, elle veut qu'un coin de 3 ft sur 6 ft de sa chambre soit un plancher de bois. De combien de pieds carrés (sq ft) de tapis a-t-elle besoin pour recouvrir le sol de sa chambre maintenant ?

Leçon 15 : Créer et déterminer l'aire de figures composées.

3. Trouve l'aire de la figure illustrée à droite.

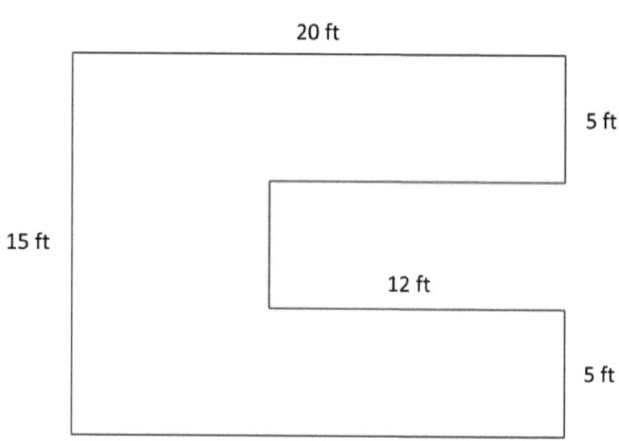

4. Étiquette les côtés de la figure ci-dessous avec des mesures que tu maîtrises. Trouve l'aire de la figure.

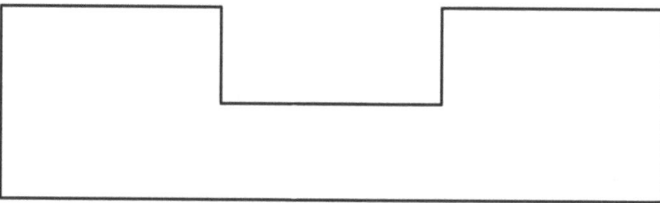

Leçon 15 : Créer et déterminer l'aire de figures composées.

5. Peterkin Park a une fontaine carrée avec une passerelle autour d'elle. La fontaine mesure 12 pieds (12 ft) de chaque côté. La passerelle mesure $3\frac{1}{2}$ pieds (ft) de large. Trouve l'aire de la passerelle.

6. Si 1 sac de gravier couvre 9 pieds carrés (sq ft), combien de sacs de gravier seront nécessaires pour couvrir toute la passerelle autour de la fontaine du parc Peterkin ?

Nom _____   Date _____

Le tableau ci-dessous contient des sujets que tu as appris en 4e année et qui ont été utilisés dans la leçon d'aujourd'hui.

Choisis 1 sujet et décris comment tu as réussi à l'utiliser aujourd'hui.

une multiplication à 2 chiffres par 2 chiffres.	Formule de l'aire	Division d'un nombre à 3 chiffres par un nombre à 1 chiffre
Soustraction de nombres à plusieurs chiffres	Addition de nombres à plusieurs chiffres	Résolution de problèmes en plusieurs étapes

Leçon 15 : Créer et déterminer l'aire de figures composées.

Nom _____ Date _____

Travaille avec ton partenaire pour créer chaque plan sur une feuille de papier distincte, comme décrit ci-dessous.

Tu devrais utiliser un rapporteur et une règle pour créer chaque plan et t'assurer que chaque rectangle que tu crées comporte deux ensembles de lignes parallèles et quatre angles droits.

Assures-toi d'étiqueter chaque partie de ton modèle avec la mesure correcte.

1. La chambre de la maison de poupée de Samantha est un rectangle de 26 centimètres de long et 15 centimètres de large. Elle contient un lit rectangulaire de 9 centimètres de long et 6 centimètres de large. Les deux commodes de la pièce mesurent chacune 2 centimètres de large. L'une mesure 7 centimètres de long et l'autre 4 centimètres de long. Crée un plan de la chambre contenant le lit et les commodes. Trouve la surface de l'espace libre dans la chambre une fois les meubles en place.

2. Un modèle de piscine rectangulaire mesure 15 centimètres de long et 10 centimètres de large. L'allée autour de la piscine est de 5 centimètres plus large que la piscine sur chacun des quatre côtés. Dans une section de l'allée, il y a un parterre de fleurs de 3 centimètres sur 5 centimètres. Crée un diagramme de l'aire de la piscine avec l'allée environnante et le parterre de fleurs. Trouve l'aire de l'allée autour de la piscine.

Leçon 16 : Créer et déterminer l'aire de figures composées.

Nom _____   Date _____

Le tableau ci-dessous présente les compétences que tu as acquises en 4e année et que tu as utilisées pour terminer la leçon d'aujourd'hui. Ces compétences ont été introduites à l'origine dans les classes précédentes et tu continueras à y travailler au fur et à mesure que tu passeras aux classes suivantes. Choisis trois sujets dans le tableau et explique comment tu penses pouvoir les développer et les utiliser en 5e année.

Multiplier 2 chiffres par 2 chiffres	Utiliser la formule d'aire pour trouver l'aire des figures composites	Créer des figures composites à partir d'un ensemble de spécifications
Soustraire des nombres à plusieurs chiffres	Additionner des nombres à plusieurs chiffres	Résoudre des problèmes à plusieurs étapes
Construire des lignes parallèles et perpendiculaires	Mesurer et construire des angles à 90°	Mesurer en centimètres

Leçon 16 : Créer et déterminer l'aire de figures composées.

Nom _____ Date _____

1. Qu'est-ce que tu sais faire maintenant en mathématiques que tu ne savais pas faire au début de la 4e année ?

2. Quelles activités aimerais-tu pratiquer cet été pour rester à l'aise ou devenir meilleur en mathématiques ?

3. Quel type de travaux pratiques t'aideraient à développer ta maîtrise de ces concepts ?

Nom _____ Date _____

1. Pourquoi penses-tu que le vocabulaire était une partie si importante des mathématiques de quatrième année ? Comment le vocabulaire t'aide-t-il en mathématiques ?

2. Quels termes de vocabulaire connais-tu bien et sur quels termes voudrais-tu t'améliorer ?

Crédits

Great Minds® a fait tout son possible pour obtenir l'autorisation de réimprimer tout le matériel protégé par des droits d'auteur. Si un propriétaire de matériel protégé par des droits d'auteur n'est pas mentionné dans le présent document, veuillez contacter Great Minds pour qu'il soit dûment mentionné dans toutes les éditions et réimpressions futures de ce module.

Printed by Libri Plureos GmbH in Hamburg, Germany